民族文字出版专项资金资助项目

**羚羚带你看科技（汉藏对照）**

ལིན་ལིན་གྱིས་ཁྱོད་རང་སྣེ་ཁྲིད་ནས་ཚན་རྩལ་ལ་ལྟ་རུ་འགྲོ་བ། （རྒྱ་བོད་ཤན་སྦྱར）

卞曙光 主编

ཕེན་ཧྲུའུ་ཀོང་གིས་གཙོ་སྒྲིག་བྱས།

# 航天与航空

# དབྱིངས་སྐྱོད་དང་མཁའ་འགྲུལ།

杨义先　钮心忻 编著

དབྱང་དབྱི་ཤན་དང་ཉིའུ་ཞིན་ཞིན་གྱིས་སྒྲིག་རྩོམ་བྱས།

索南扎西 译

བསོད་ནམས་བཀྲ་ཤིས་ཀྱིས་བསྒྱུར།

青海人民出版社

图书在版编目（CIP）数据

航天与航空：汉藏对照 / 杨义先，钮心忻编著；索南扎西译. -- 西宁：青海人民出版社，2023.10
（羚羚带你看科技 / 卞曙光主编）
ISBN 978-7-225-06552-6

Ⅰ. ①航… Ⅱ. ①杨… ②钮… ③索… Ⅲ. ①航空学－青少年读物－汉、藏②航天学－青少年读物－汉、藏
Ⅳ. ①V2-49②V4-49

中国国家版本馆CIP数据核字(2023)第126551号

总 策 划　王绍玉
执行策划　田梅秀
责任编辑　田梅秀　梁建强　索南卓玛　拉青卓玛
责任校对　马丽娟
责任印制　刘　倩　卡杰当周
绘　　图　安　宁　等
设　　计　王薯聿　郭廷欢

羚羚带你看科技
卞曙光　主编

航天与航空（汉藏对照）
杨义先　钮心忻　编著
索南扎西　译

出 版 人　樊原成
出版发行　青海人民出版社有限责任公司
西宁市五四西路71号　邮政编码：810023　电话：（0971）6143426（总编室）
发行热线　（0971）6143516/6137730
网　　址　http://www.qhrmcbs.com
印　　刷　青海雅丰彩色印刷有限责任公司
经　　销　新华书店
开　　本　880mm×1230mm　1/16
印　　张　6.5
字　　数　100千
版　　次　2023年10月第1版　2023年10月第1次印刷
书　　号　ISBN 978-7-225-06552-6
定　　价　39.80元

# 《羚羚带你看科技》编辑委员会

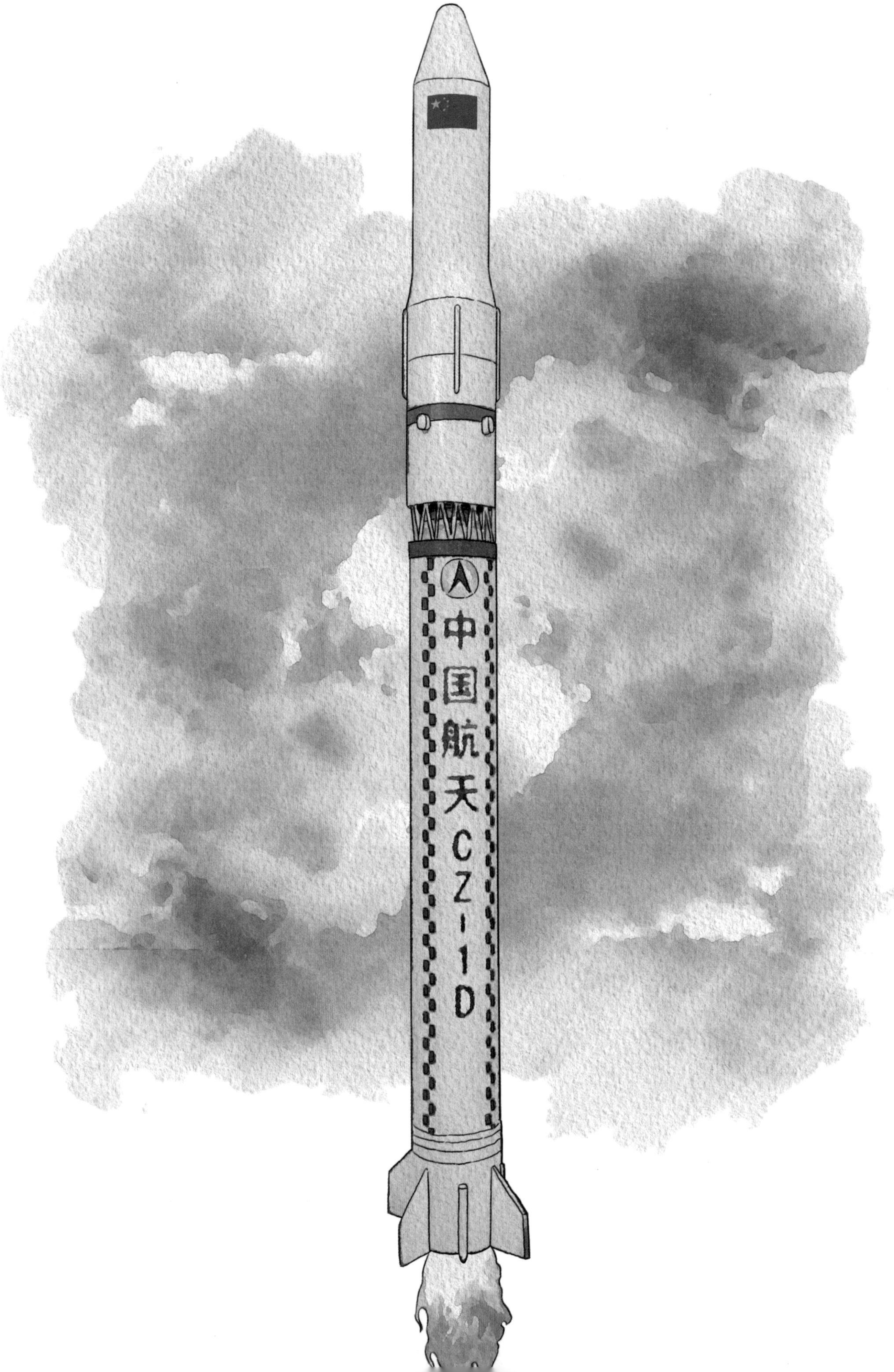
中国航天
CZ-1D

# 目录

# དཀར་ཆག

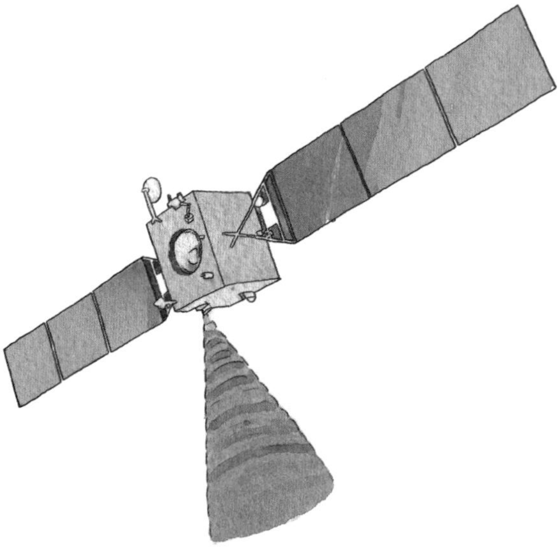

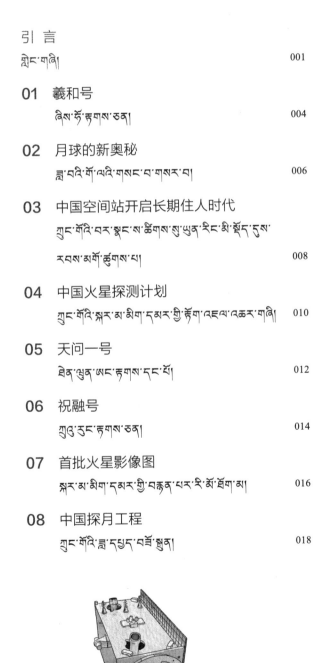

# 引 言
# གླེང་གཞི།

探索浩瀚宇宙，建设空天强国，中国人的飞天梦，迎来了圆梦的新时代。全景呈现空天技术水平的科技成果不仅助力天空布局，卫星制造装备也全新亮相，真正的世界级自主创新和核心竞争力正在驱动我国的航天与航空实现超越："羲和号"是我国首颗太阳探测试验卫星，准确地说，是国际首颗太阳氢阿尔法波段光谱探测卫星，它填补了太阳爆发源区高质量观测数据的空白；载人火箭成功发射载人飞船，并将航天员安全送入预定轨道，意味着中国空间站正式开启了长期住人的太空时代；我国新一代大推力120吨液氧煤油火箭试车成功，使我国成为全球第二个完全掌握液氧煤油高压补燃循环液体火箭核心技术的国家；我国完全自主知识产权，最大航程超过5500公里，性能与国际新一代主流单通道客机相当的C919大型客机，充分体现了国家意志；我国自主研制的具有高隐身性、高机动性和高态势感知性的歼-20战斗机正式进入我国空军序列，它将担负未来的主权维护任务，成为有效管控危机、遏制战争、打赢战争的重要力量；我国首颗地球物理场探测卫星，同时也是中国首颗地震观测和预报卫星"张衡一号"成功发射，这标志着中国已是全球拥有同类先进卫星的第五个国家……将这一个个科技成果串联起来，便能看见我们国家高新技术最为集中、产业溢出效应最强领域

背后的精彩故事，这是一步一个脚印攀登多个“珠穆朗玛峰”的坚毅和自信，是一个国家科技实力的重要标志，也是一个国家经济实力、国防实力、综合国力的重要体现。迈向航空航天强国，中国已发动引擎，必将加快我国从航天大国迈向航天强国的步伐。

ཡངས་ཤིང་རྒྱ་ཆེ་བའི་མཁའ་དབྱིངས་འཚོལ་ཞིབ་བྱས་ཏེ། བར་སྣང་གི་སྟོབས་ལྡན་རྒྱལ་ཁབ་འཛུགས་སྐྲུན་བྱེད་པ། ཀྲུང་གོ་བའི་མཁའ་སྐྱོད་ཀྱི་ཕུགས་འདུན་ལ་མངོན་འགྱུར་བྱེད་པའི་དུས་རབས་གསར་པ་བསུས་ཡོད། ཡུལ་ལྗོངས་ཧྲིལ་པོར་འཆར་བའི་མཁའ་དབྱིངས་ལག་རྩལ་ཆུ་ཚད་ཀྱི་ཚན་རྩལ་གྲུབ་འབྲས་ཀྱིས་བར་སྣང་བཀོད་སྒྲིག་ལ་རམ་འདེགས་བྱུང་བར་མ་ཟད། སྲུང་སྐར་བཟོ་སྐྲུན་སྒྲིག་ཆས་ཀྱང་གསར་དུ་ཐོན་ཡོད། འཛམ་གླིང་རིམ་པའི་རང་བདག་གསར་གཏོད་དང་དཀྱིལ་སྙིང་འགྲན་རྩོད་ནུས་པ་དངོས་ཀྱིས་རང་རྒྱལ་གྱི་དབྱིངས་སྐྱོད་དང་མཁའ་འགྲུལ་ལ་ཐོད་རྒྱལ་མངོན་འགྱུར་འབྱུང་བཞིན་ཡོད་པ་སྟེ། “ཞིས་ཧོ་རྟགས་ཅན”ནི་རང་རྒྱལ་གྱི་ཉི་མ་འཚོལ་ཞིབ་ཚོད་ལྟའི་སྲུང་སྐར་ཐོག་མ་ཡིན་ཞིང་། གནད་ལ་འཕེལ་བའི་སྒོ་ནས་བརྗོད་ན། དེ་ནི་རྒྱལ་སྤྱིའི་སྟེང་གི་ཉི་མ་ཆེང་ཨའར་ཧྥའི་རླབས་ཚན་འོད་ཤལ་འཚོལ་ཞིབ་སྲུང་སྐར་ཐོག་མ་ཡིན་པ་དང་། དེས་ཉི་མའི་གས་འགྱུར་འབྱུང་ཁུངས་ཁུལ་གྱི་སྤྲུས་མཐོའི་ལྟ་ཞིབ་ཚད་ལེན་གཞི་གྲངས་ཀྱི་སྟོང་ཆ་བསྐངས་ཡོད། མི་བཞུགས་མེ་ཤུགས་འཕུར་མདས་མི་བཞུགས་འཕུར་གྲུ་བདེ་བླག་ངང་འཕེན་གཏོང་བྱས་པར་མ་ཟད། དབྱིངས་སྐྱོད་པ་བདེ་འཇགས་ཀྱིས་ཐོན་བཀོད་འཁོར་ལམ་སྟེང་དུ་བསྐྱལ་བས། ཀྲུང་གོའི་བར་སྣང་ས་ཚིགས་སུ་དུས་ཡུན་རིང་པོར་མི་སྡོད་པའི་བར་སྣང་དུས་རབས་དངོས་སུ་མགོ་ཚུགས་པ་མཚོན་ཡོད། རང་རྒྱལ་གྱི་རབས་གསར་བའི་འདེད་ཤུགས་ཏུན120ཡི་གཤེར་དབྱུང་རྫེ་སོལ་སྣུམ་གྱི་མེ་ཤུགས་འཕུར་མདའི་ཚོད་ལྟའི་རླངས་འཁོར་

ལིགས་གྲུབ་བྱུང་བས། རང་རྒྱལ་ནི་འཛམ་གླིང་ཐོག་གི་ཐེངས་དང་པོར་སེར་ཐུབ་ཟླུམ་གྱི་མཐོ་གནོན་གསབ་སྦྱོར་འཁོར་རྒྱུག་གཞིར་གཟུགས་མེ་ཤུགས་འཕུར་མདའི་དཀྱིལ་སྙིང་ལག་རྩལ་ཡོངས་སུ་ཁོང་དུ་ཆུད་པའི་རྒྱལ་ཁབ་ཨང་གཉིས་པར་གྱུར་ཡོད། རང་རྒྱལ་རང་བདག་གི་ཤེས་བྱའི་ཐོན་དངོས་བདག་དབང་ཡིན་པ་དང་ལམ་ཐག་རིང་ཤོས་སྤྱི་ལེ5500ལས་བརྒལ་ཞིང་། གཞིས་ནུས་ནི་རྒྱལ་སྤྱིའི་རབས་གསར་བའི་གཙོ་རྒྱུན་བགྲོད་ལམ་རྒྱུད་པའི་འགྲུལ་སྐྱེལ་གནམ་གྲུ་དང་མཚུངས་པའིC919འགྲུལ་སྐྱེལ་གནམ་གྲུ་ཆེ་གྲས་ཀྱིས་རྒྱལ་ཁབ་ཀྱི་འདོད་བློ་གང་ལེགས་སྐོང་མཚོན་ཡོད། རང་རྒྱལ་གྱིས་རང་བདག་ཞིབ་བཟོ་བྱས་པའི་མི་མངོན་པའི་རང་བཞིན་མཐོ་བ་དང་སྐབས་བསྟུན་རང་བཞིན་ཆེ་བ། གནས་བབ་མཐོ་ཞིང་ཚོར་ཤེས་རང་བཞིན་ལེགས་པ་བཅས་ཀྱི་རྐོལ་གཏོར་-20འཐབ་འཛིང་གནམ་གྲུ་དངོས་སུ་རང་རྒྱལ་གྱི་མཁའ་དམག་གི་རིམ་སྤར་ཁྲོད་དུ་ཞུགས་པ་དང་། དེས་མ་འོངས་པའི་བདག་དབང་སྲུང་སྐྱོབ་ཀྱི་ལས་འགན་འཁུར་ནུས་ཉམས་ཉེན་དོ་དམ་ཚོད་འཛིན་དང་དམག་འཁྲུག་བཀག་སྡོམ། དམག་འཁྲུག་ཁྲོད་དུ་རྒྱལ་ཁ་ལེན་པ་བཅས་ཀྱི་སྟོབས་ཤུགས་གལ་ཆེན་ཞིག་ཏུ་འགྱུར་ངེས་ཡིན། རང་རྒྱལ་གྱི་སའི་གོ་ལའི་དངོས་ལུགས་ར་བའི་འཚོལ་ཞིབ་སྲུང་སྐར་ཐོག་མ་དང་ཆབས་ཅིག་ཏུ་གྲུང་གོའི་ས་ཡོམ་ལྟ་ཞིབ་ཚད་ལེན་དང་སྔོན་བརྡ་གཏོང་བའི་སྲུང་སྐར་ཐོག་མ་སྟེ"ཀྲང་ཧེང་ཨང་རྟགས་དང་པོ"བདེ་ནླག་ངང་འཕེན་གཏོང་བྱས་པས། ཀྲུང་གོ་ནི་འཛམ་གླིང་ཐོག་གི་རིགས་གཅིག་པའི་སྔོན་ཐོན་སྲུང་སྐར་ཡོད་པའི་རྒྱལ་ཁབ་ཨང་ལྔ་པར་གྱུར་པ་མཚོན་ནོ། །ཚན་རྩལ་གྱི་གྲུབ་འབྲས་རེ་རེ་བཞིན་སྤྲེལ་མཐུད་བྱས་ན། རང་རེའི་རྒྱལ་ཁབ་ཀྱི་མཐོ་གསར་ལག་རྩལ་གཅིག་སྡུད་ཆེ་ཤོས་དང་ཐོན་ལས་ཀྱི་ཕན་འབྲས་ཆེ་ཤོས་ཐོན་སའི་ཁྱབ་ཁོངས་ཀྱི་ངོ་མཚར་ཆེ་བའི་གཏམ་རྒྱུད་མཐོང་ཐུབ། འདི་ནི་གོམ་པ་རེ་རེ་སྤོས་ནས"ཛོ་མོ་གླང་མའི"རྩེ་མོར་རྐང་རྗེས་མང་པོ་འཛོག་པའི་བློ་རྩ་བརྟན་པོ་དང་གདེང་ཚོད་ཡིན་ལ། རྒྱལ་ཁབ་ཅིག་གི་ཚན་རྩལ་དངོས་ཡོད་སྟོབས་ཤུགས་ཀྱི་མཚོན་རྟགས་གལ་ཆེན་ཡིན་ཞིང་། རྒྱལ་ཁབ་ཅིག་གི་དཔལ་འབྱོར་སྟོབས་ཤུགས་དང་རྒྱལ་སྲུང་སྟོབས་ཤུགས། ཕྱོགས་བསྡུས་རྒྱལ་སྟོབས་བཅས་ཀྱི་མཚོན་ཚུལ་གལ་ཆེན་ཞིག་ཀྱང་ཡིན། མཁའ་འགྲུལ་དང་དབྱིངས་སྐྱོད་ཀྱི་རྒྱལ་ཁབ་སྟོབས་ཆེན་ཕྱོགས་སུ་སྐྱོད་པར་ཀྲུང་གོས་སྒྲུལ་ཤུགས་བཏོན་ཏེ། རང་རྒྱལ་ནི་དབྱིངས་སྐྱོད་ཀྱི་རྒྱལ་ཁབ་ཆེན་པོ་ནས་དབྱིངས་སྐྱོད་ཀྱི་རྒྱལ་ཁབ་སྟོབས་ལྡན་ཕྱོགས་སུ་སྐྱོད་པའི་གོམ་སྟབས་ཇི་མགྱོགས་སུ་གཏོང་ཐུབ་ངེས་སོ། །

# 01 羲和号
# ཉི་མ་ཧྲོ་རྟགས་ཅན།

“羲和号”是中国首颗太阳探测试验卫星，准确地说，是国际首颗太阳氢阿尔法波段光谱探测卫星，它填补了太阳爆发源区高质量观测数据的空白，也提高了我国在太阳物理领域的研究能力，更对我国空间科学探测及卫星技术的发展具有重要意义。它于2021年10月14日18时51分发射升空，运行于高度为517公里的太阳同步轨道上，主要的科学载荷为太阳空间望远镜。

什么是氢阿尔法波段光谱，它又有什么用呢？原来，它是指氢原子的一条谱线，波长为656.281纳米，位于可见光的红光范围内。该波段是研究太阳活动在光球和色球响应时的最好谱线之一，通过对它的分析，便可获得太阳爆发时的大气温度、速度等物理量的变化，有助于研究太阳爆发的动力学过程和物理机制。

羲和号的优势在哪呢？原来，该卫星在轨运行时，将无干扰地观测太阳耀斑和日冕物质抛射的光球及色球表现，探究太阳爆发的源区动态特性和触发机制，探测太阳暗条形成和演化与太阳爆发的内在联系等。

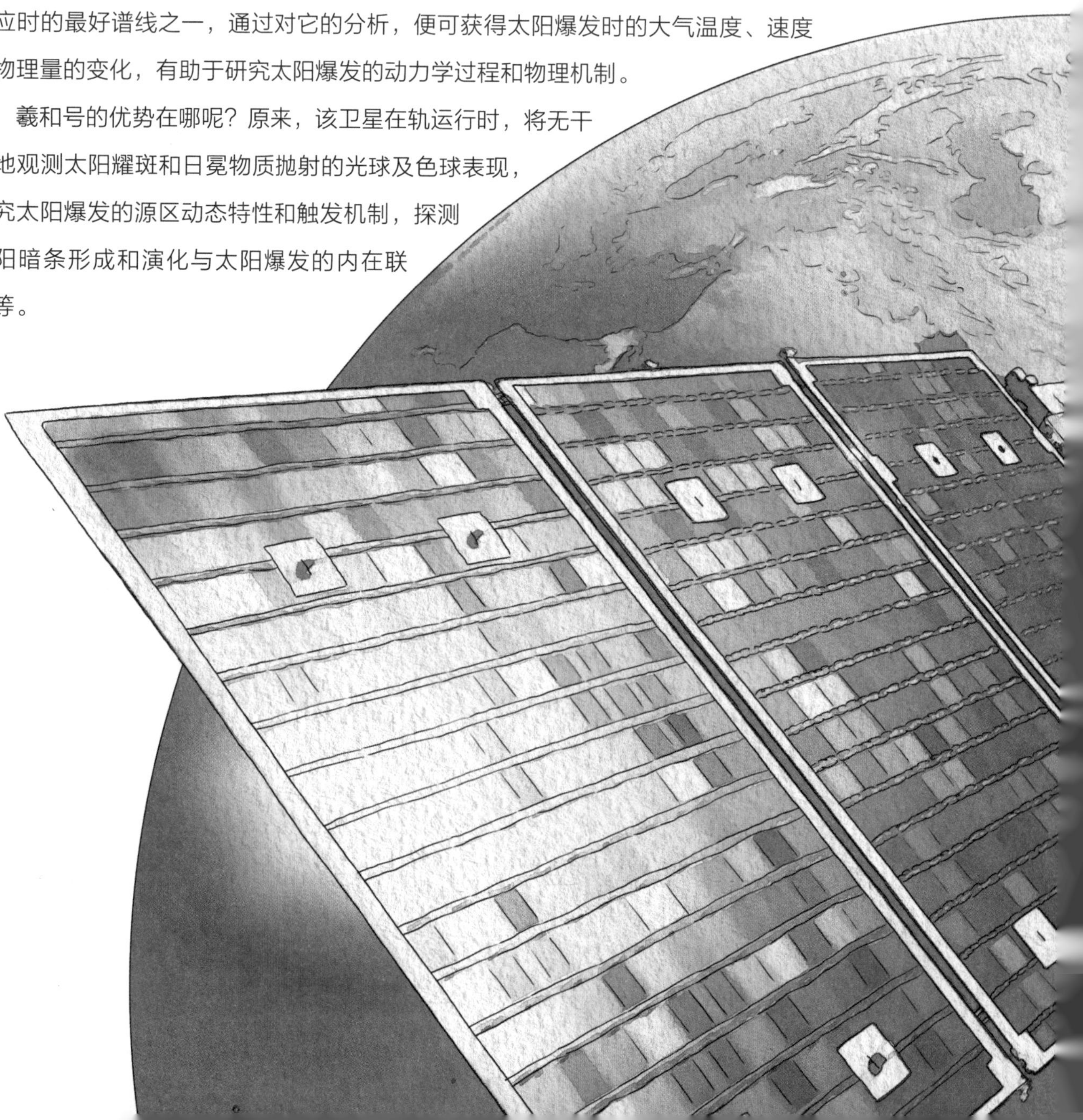

"ཞིས་ཧོ་རྟགས་ཅན"ནི་རང་རྒྱལ་གྱི་ཉི་མ་འཚོལ་ཞིབ་ཚོད་ལྟའི་སྲུང་སྐར་ཐོག་མ་ཡིན་པ་དང་། གནད་ལ་འཁེལ་བའི་སྒོ་ནས་བརྗོད་ན། རྒྱལ་སྤྱིའི་སྟེང་གི་ཉི་མ་ཆིང་ཨའར་ཐྲའི་ཟླབས་ཚན་འོད་ཤལ་འཚོལ་ཞིབ་སྲུང་སྐར་ཐོག་མ་ཡིན་པ་དང་། དེས་ཉི་མའི་གས་འགྱུར་འབྱུང་ཁུངས་ཁུལ་གྱི་སྤུས་མཐོའི་ལྟ་ཞིབ་ཚད་ལེན་གཞི་གྲངས་ཀྱི་སྟོང་ཆ་བསྐངས་ཡོད་ལ། ཉི་མའི་དངོས་ལུགས་ཁྱབ་ཁོངས་ཀྱི་ཞིབ་འཇུག་ནུས་པ་ཇེ་ཆེར་བཏང་ཡོད་ཅིང་། རང་རྒྱལ་གྱི་བར་སྟོང་ཚན་རིག་འཚོལ་ཞིབ་དང་འཁོར་སྐར་ལག་རྩལ་གྱི་འཕེལ་རྒྱས་ལ་དོན་སྙིང་གལ་ཆེན་ལྡན། དེ་ནི2021ལོའི་ཟླ10པའི་ཚེས14ཉིན་གྱི་དུས་ཚོད18དང་སྐར་མ51སྟེང་དུ་འཕེན་གཏོང་བྱས་ཤིང་། མཐོ་ཚད་སྤྱི་ལེ517ཡིན་པའི་ཉི་མའི་དུས་མཉམ་འཁོར་ལམ་སྟེང་དུ་འཁོར་སྐྱོད་བྱེད་པ་དང་། ཚན་རིག་ཐིག་ཚད་གཙོ་བོ་ནི་ཉི་མའི་བར་མཐོངས་རྒྱང་ཤེལ་ཡིན།

ཅི་ཞིག་ལ་ཆིང་ཨའར་ཐྲ་ཟླབས་ཚན་འོད་ཤལ་ཟེར་བ་དང་དེར་ཕན་ཐོགས་ཅི་ཞིག་ཡོད་དམ་ཞེ་ན། མ་གཞིར་དེ་ནི་ཆིང་མ་རྟུལ་གྱི་ཤལ་ཐིག་ཅིག་ལ་ཟེར་ཞིང་། ཟླབས་ཀྱི་རིང་ཚད་ལ་ནྭ་སྨི656.281ཡོད་པ་དང་། མཐོང་ཐུབ་པའི་འོད་ཀྱི་འོད་དམར་ཁྱབ་ཁོངས་སུ་གནས་ཡོད། ཟླབས་དུམ་དེ་ནི་ཉི་མའི་འགྱུལ་སྐྱོད་ཀྱི་འོད་རིལ་དང་མདོག་ཟླུམ་པོའི་སྨྲ་གྲགས་སྐབས་ཀྱི་ཆེས་ལེགས་པའི་ཤལ་ཐིག་གི་གྲས་ཤིག་ཡིན། དེར་དཔྱེ་ཞིབ་བྱས་པ་བརྒྱུད་ནས་ཉི་མ་གས་འགྱུར་སྐབས་ཀྱི་རླུང་ཁམས་ཆེན་པོའི་དྲོད་ཚད་དང་མྱུར་ཚད་སོགས་དངོས་ལུགས་ཚད་ཀྱི་འགྱུར་ལྡོག་ཐོབ་ཐུབ་ལ། ཉི་མ་གས་འགྱུར་གྱི་སྨུལ་ཤུགས་རིག་པའི་བརྒྱུད་རིམ་དང་དངོས་ལུགས་ཀྱི་ནང་རྐྱེན་ལ་ཞིབ་འཇུག་བྱེད་པར་ཕན་ཐོགས་ཡོད།

ཞིས་ཧོ་རྟགས་ཅན་ལ་དགེ་མཚན་གང་ཡོད་ཅེ་ན། མ་གཞིར་སྲུང་སྐར་འདི་ཉིད་འཁོར་ལམ་སྟེང་དུ་འཁོར་སྐྱོད་བྱེད་སྐབས། འགལ་རྐྱེན་མེད་པའི་སྒོ་ནས་ཉི་མའི་འོད་ཐིག་དང་འོད་ཀོར་དངོས་པོ་འཕེན་པའི་འོད་རིལ་དང་མདོག་ཟླུམ་པོའི་མངོན་ཚུལ་ལ་ལྟ་ཞིབ་ཚད་ལེན་བྱེད་པ་དང་། ཉི་མ་གས་འགྱུར་འབྱུང་ཁུངས་ཀྱི་འགྱུལ་རྣམ་ཁྱད་ཆོས་དང་རིག་བྱུང་ལམ་སྲོལ་ལ་ཞིབ་དཔྱད་བྱེད་པ། ཉི་མའི་ཟུན་ཚན་གྲུབ་པ་དང་རིམ་འགྱུར་དང་ཉི་མ་གས་འགྱུར་གྱི་ནང་ངོས་འབྲེལ་བ་སོགས་ལ་འཚོལ་ཞིབ་བྱེད་པ་ཡིན་ནོ། །

# 02 月球的新奥秘

# ཟླ་བའི་གོ་ལའི་གསང་བ་གསར་བ།

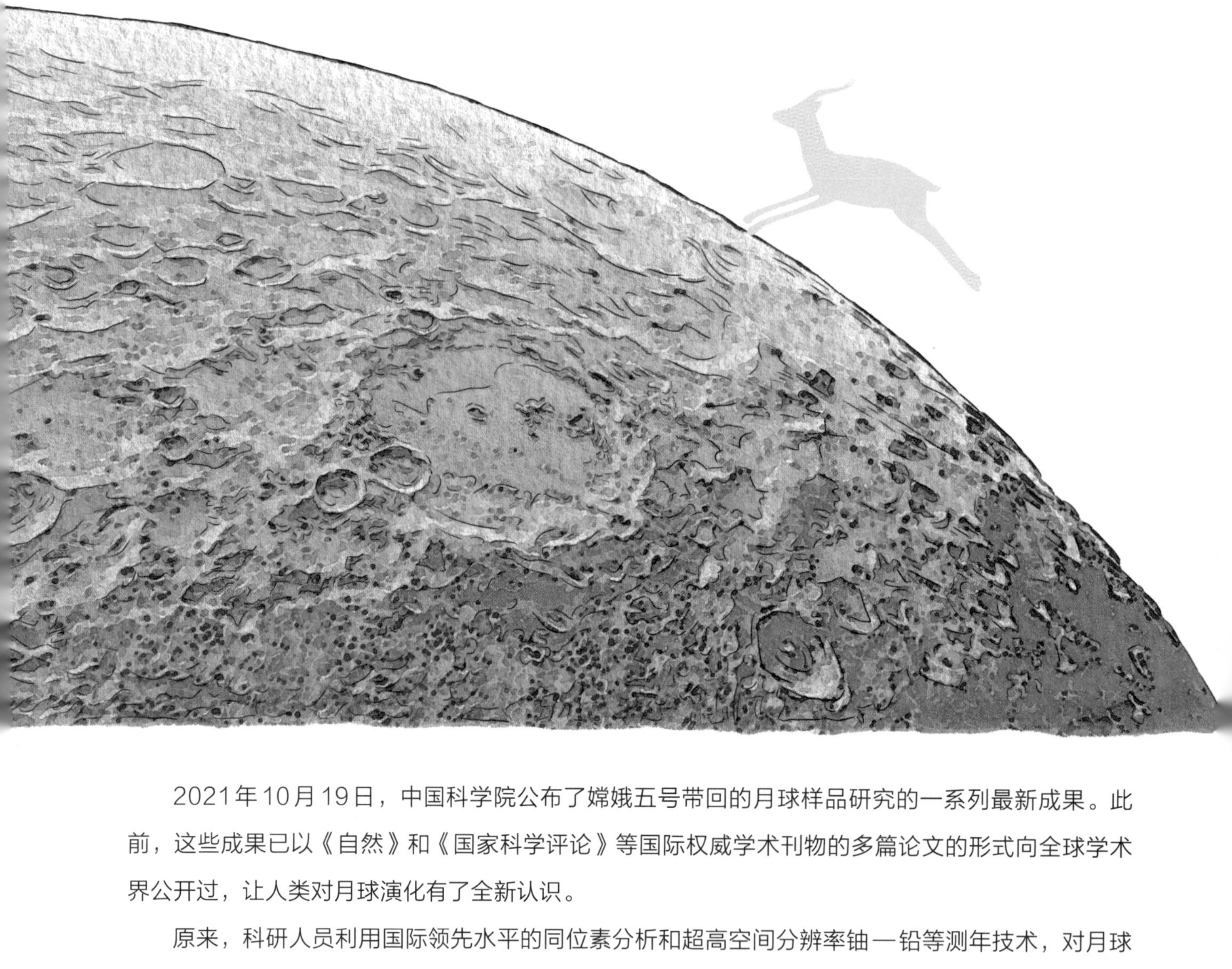

2021年10月19日，中国科学院公布了嫦娥五号带回的月球样品研究的一系列最新成果。此前，这些成果已以《自然》和《国家科学评论》等国际权威学术刊物的多篇论文的形式向全球学术界公开过，让人类对月球演化有了全新认识。

原来，科研人员利用国际领先水平的同位素分析和超高空间分辨率铀—铅等测年技术，对月球样品玄武岩的岩屑中的斜锆石、钙钛锆石和静海石等富铀矿物进行分析后，确定玄武岩形成年龄为20.30±0.04亿年。这表明月球直到20亿年前仍存在岩浆活动，比以往月球样品限定的岩浆活动延长了约8亿年。

这些成果还进一步支持了月球的大撞击起源说。即，原始地球与一个火星大小的星体碰撞后，形成了一个围绕地球的，由高温岩浆和气体组成的“盘”。当温度开始冷却时，硅酸盐等物质首先聚集形成月球，而属于强挥发物质的水，则以气态形式向太空逃逸。果然，对月球样品分析后发现，月幔源区的水含量很低，甚至几乎没有水。

2021ལོའི་ཟླ་10པའི་ཚེས་19ཉིན། ཀྲུང་གོའི་ཚན་རིག་ཁང་གིས་ཁྲང་ཨོ་6 ཨང་རྟགས་ལྡེ་པས་ཕྱིར་ཁྱེར་ཡོང་བའི་ཟླ་བའི་གོ་ལའི་ས་དཔེ་ཞིབ་འཇུག་གི་གྲུབ་འབྲས་གསར་ཤོས་རབ་དང་རིམ་པ་ཁྱབ་བསྒྲགས་བྱས། དེའི་གོང་རོལ་དུ། གྲུབ་འབྲས་འདི་དག《རང་བྱུང་》དང《རྒྱལ་ཁབ་ཀྱི་ཚན་རིག་དཔྱད་གཏམ》སོགས་རྒྱལ་སྤྱིའི་དབང་ཤུགས་ལྡན་པའི་རིག་གཞུང་དུས་དེབ་ཀྱི་དཔྱད་རྩོམ་མང་པོའི་ནམ་པའི་ཐོག་ནས་འཛམ་གླིང་ཕྱིལ་པོའི་རིག་གཞུང་ལས་རིགས་ལ་ཡོངས་བསྒྲགས་བྱས་ཏེ། མིའི་རིགས་ཀྱིས་ཟླ་བའི་གོ་ལའི་རིམ་འགྱུར་ལ་ངོས་འཛིན་གསར་རྒྱང་བྱུང་ཡོད།

ནོན་དངོས་སུ་ཚན་ཞིབ་མི་སྣས་རྒྱལ་སྤྱིའི་སྔོན་ཐོན་ཆུ་ཚད་ཀྱི་གནས་མཐུན་རྒྱུའི་དབྱེ་ཞིབ་དང་བར་སྟོང་གི་དབྱེ་འབྱེད་ཚད་མཐོའི་ཡི6—ཞན་སོགས་ཀྱི་ལོ་བརྟག་ལག་རྩལ་སྤྱད་དེ། ཟླ་བའི་གོ་ལའི་ས་དཔེའི་ཞོན་ཕྱུ6 བྲག་གི་བྲག་རྡོའི་ཁྲོད་ཀྱི་གསེག་ཅིར་རྡོ་དང་ཀལ་ཐེ་ཅིར་རྡོ། ཅིན་ཏའི་རྡོ་སོགས་ཡི6 ཕྱུག་གཏེར་རྫས་ལ་དབྱེ་ཞིབ་བྱས་རྗེས། ཞོན་ཕྱུ6 བྲག་གྲུབ་པའི་ལོ་ཚད་ནི་ལོ་ངོ་དུང་ཕྱུར20.30 ± 0.04ཡིན་ཞིང་། དེའི་ཐོག་ནས་ཟླ་བའི་གོ་ལའི་སྟེང་དུ་ལོ་ངོ་དུང་ཕྱུར20ཡི་གོང་དུ་ཐུར་བཞིན་བྲག་ཞུན་གྱི་འགྲུལ་སྐྱོད་གནས་པ་མཚོན་པ་དང་། དེ་སྔའི་ཟླ་བའི་གོ་ལའི་དངོས་དཔེའི་སྟེང་དུ་གཏན་ཁེལ་བྱས་པའི་བྲག་ཞུན་འགྲུལ་སྐྱོད་ལས་ལོ་ངོ་དུང་ཕྱུར8ཙམ་གྱི་ཇེ་རིང་དུ་སོང་ཡོད།

གྲུབ་འབྲས་འདི་དག་གིས་ད་དུང་ཐུར་ལས་ལྷག་པའི་སྒོ་ནས་ཟླ་བའི་གོ་ལའི་གདོང་གཏུག་ཆེན་པོའི་འབྱུང་ཁུངས་ལ་རྒྱབ་སྐྱོར་བྱས་ཡོད་ཅིང་། འདི་ནི་གདོང་མའི་སའི་གོ་ལ་དང་སྐར་མ་མིག་དམར་གྱི་ཆེ་ཆུང་དང་འདྲ་བའི་སྐར་གཟུགས་གཉིས་གདོང་གཏུག་བྱས་རྗེས། སའི་གོ་ལར་སྐོར་བ་བྱས་ཤིང་དྲོད་ཚད་མཐོ་བའི་བྲག་ཞུན་དང་དབུགས་གཟུགས་ཀྱིས་གྲུབ་པའི“སྡེར་མ”ཞིག་ཆགས་ཡོད་པ་སྟེ། དྲོད་ཚད་གྲང་ཆགས་སུ་འགྲོ་དུས། སྐྱེལ་སྒྱུར་ཚུ་སོགས་དངོས་པོ་ཐོག་མར་འདུས་ནས་ཟླ་བའི་གོ་ལ་གྲུབ་པ་དང་། ཤུགས་དྲག་པོའི་ཡལ་སྣྲིའི་དངོས་རྫས་ཀྱི་ཁོངས་སུ་གཏོགས་པའི་ཆུ་ནི་དབུགས་རྣམ་སྟེང་ནས་བར་སྣང་ལ་མཆེད་པ་ཡིན། དེ་བས་ཟླ་བའི་གོ་ལའི་ས་དཔེར་དབྱེ་ཞིབ་བྱས་རྗེས། ཟླ་བའི་གོ་ལའི་ནང་སྙིང་གི་ཆུའི་འདུས་ཚད་ཏ་ཅང་དམའ་བ་དང་ཐ་ན་ཏ་ལམ་ཆུ་མེད་པ་ཤེས་རྟོགས་བྱུང་ཡོད་དོ། །

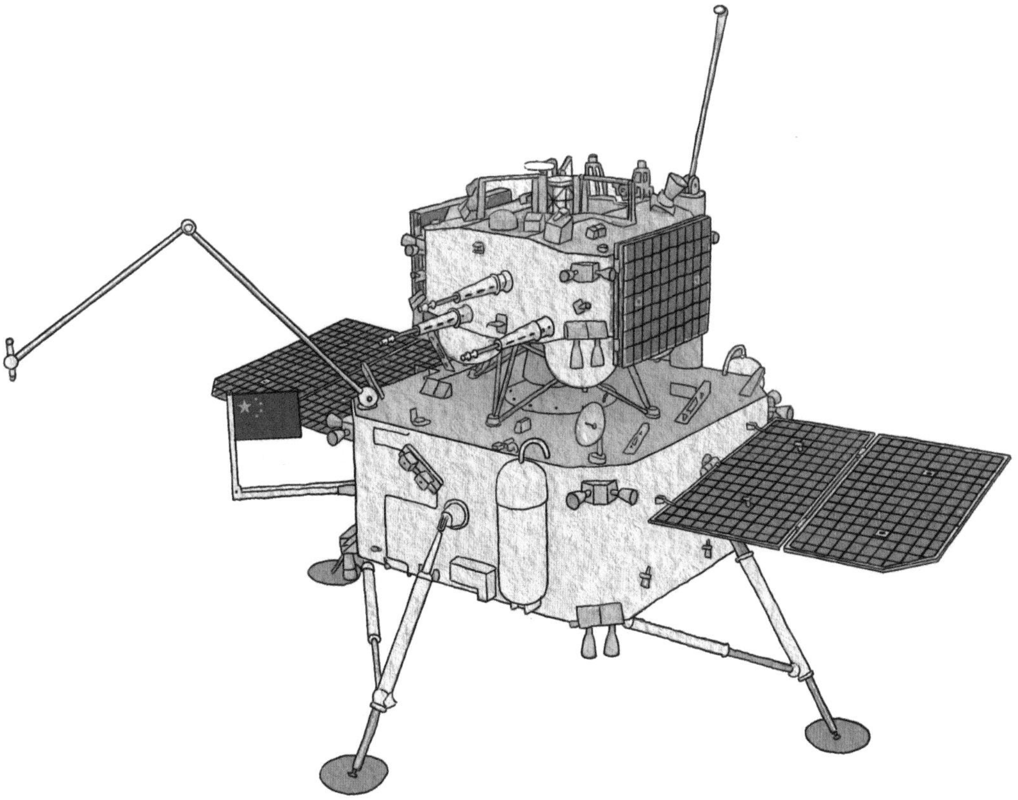

# 03 中国空间站开启长期住人时代

## ཀྲུང་གོའི་བར་སྣང་ས་ཚིགས་སུ་ཡུན་རིང་མི་སྡོད་དུས་རབས་མགོ་ཚུགས་པ།

2021年6月17日和10月16日，我国先后采用长征二号F遥十二和遥十三载人火箭成功发射了神舟十二号和神舟十三号载人飞船，并分别将航天员安全送入预定轨道。这既意味着我国已能批量生产神舟飞船，也意味着中国将能常态化地向空间站发射飞船，承担常规任务，或完成应急发射等非常规任务，还意味着中国空间站正式开启了长期住人的太空时代。

实际上，神舟十二号与天和核心舱对接后，形成了组合体。3名航天员进驻核心舱，进行了为期3个月的驻留，开展了一系列空间科学和技术试验，在轨验证了许多关键技术，比如，航天员长期驻留、再生生保（再生式生命保障）、空间物资补给、出舱活动、舱外操作、在轨维修等空间站建造和运营等。

神舟十三号入轨后，又与天和核心舱、天舟二号和天舟三号形成组合体，完成自主快速交会对接。3名航天员开启了为期6个月的在轨驻留，并将开展机械臂操作、出舱活动、舱段转位及空间科学与技术试验等工作，进一步验证航天员长期在轨驻留、再生生保等一系列关键技术。

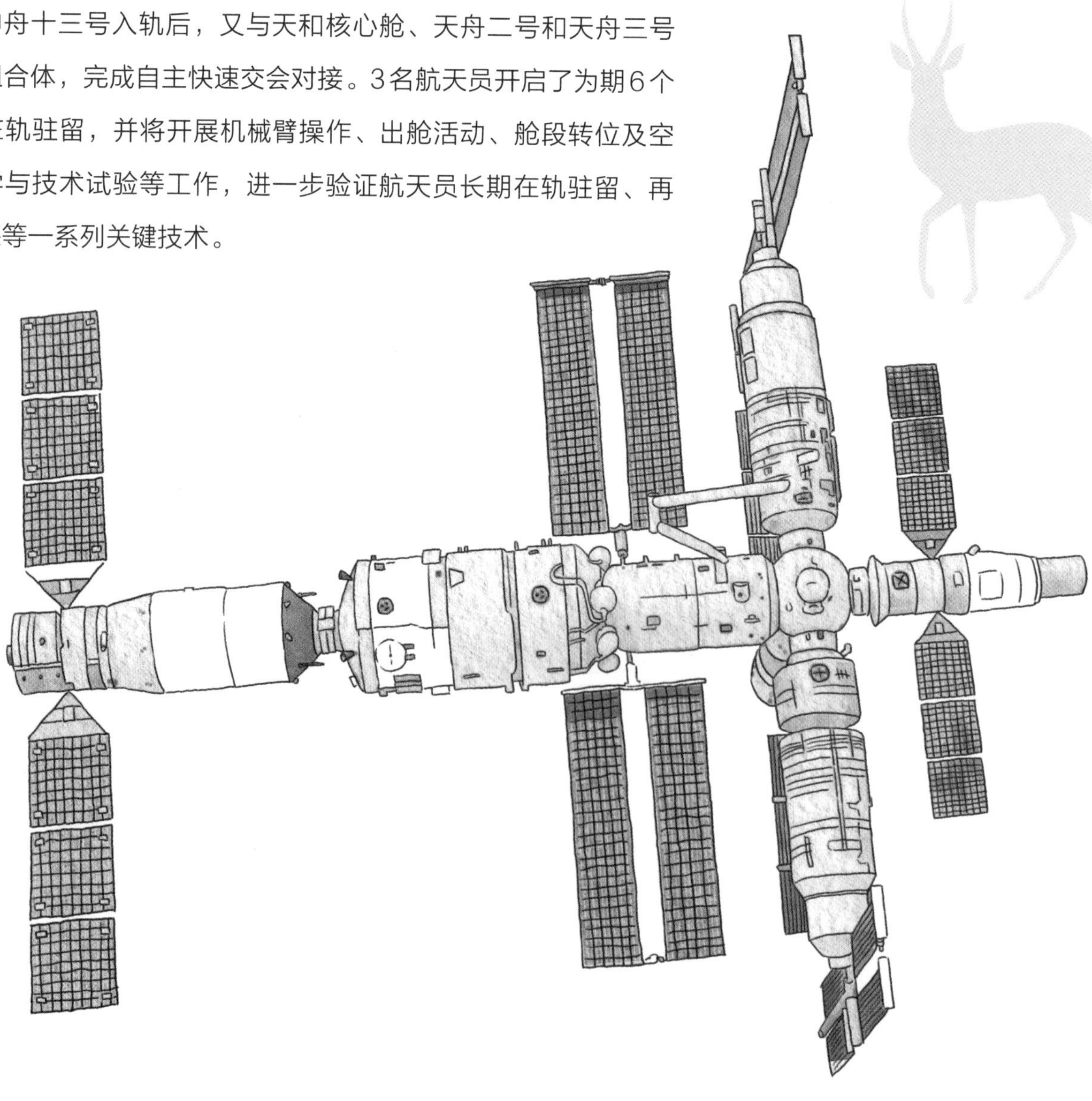

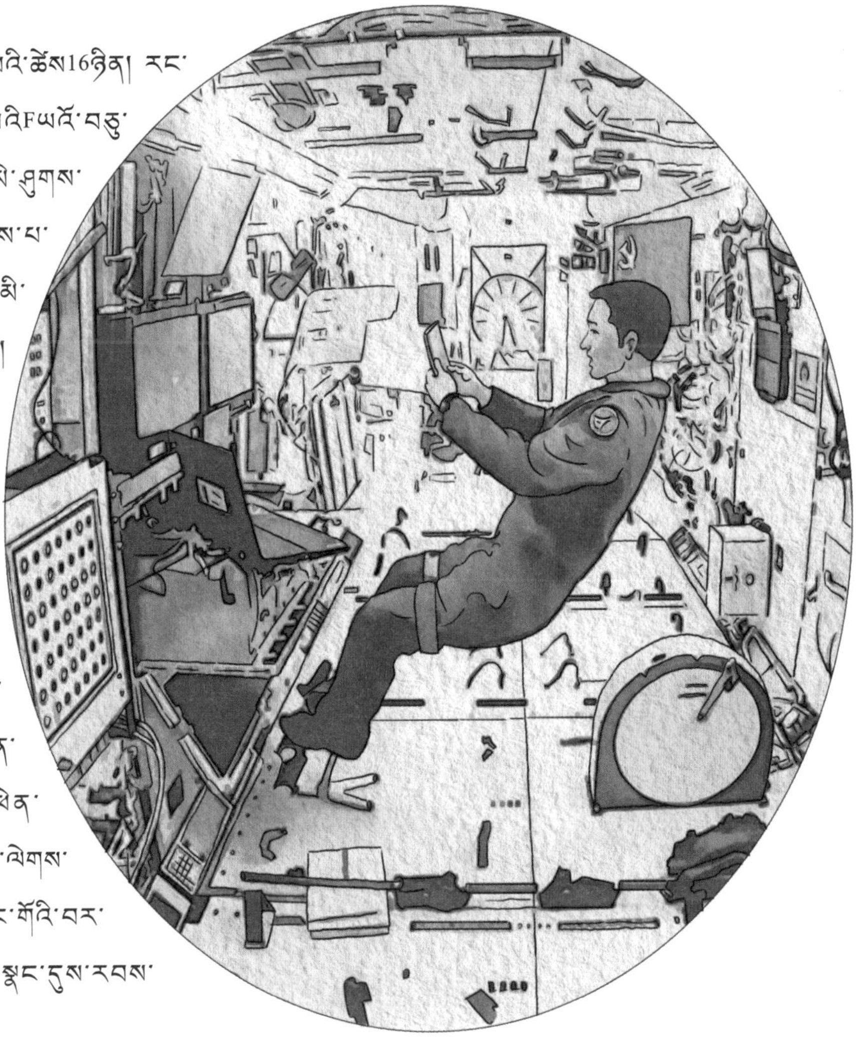

2021ལོའི་ཟླ6པའི་ཚེས17ཉིན་དང་ཟླ10པའི་ཚེས16ཉིན། རང་རྒྱལ་གྱིས་སྣ་རྗེས་སུ་ཁྲང་ཀྱིན་ཨང་གཉིས་པའིFཡོ་བཅུ་གཉིས་དང་ཡོ་བཅུ་གསུམ་གྱི་མི་བཞུགས་མེ་ཤུགས་འཕུར་མདས་ཧྲིན་ཀྲིག་ཨང་རྟགས་བཅུ་གཉིས་པ་དང་ཧྲིན་ཀྲིག་ཨང་རྟགས་བཅུ་གསུམ་པའི་མི་བཞུགས་འཕུར་གྲུ་འཕེན་གཏོང་བྱས་པ་དང་། དུས་མཚུངས་སུ་དབྱིངས་སྐྱོད་པ་བདེ་འཇགས་ངང་སྟོན་བཀོད་འཁོར་ལམ་སྟེང་དུ་བསྐྱལ་བ་ཡིན། དེའི་སྟེང་ནས་རང་རྒྱལ་གྱིས་ཧྲིན་ཀྲིག་འཕུར་གྲུ་འབོར་ཆེན་ཐོན་སྐྱེད་བྱེད་ཐུབ་པ་མཚོན་ཞིང་། གྲུང་གོས་རྒྱུན་རྣམ་ཅན་གྱི་སྒོ་ནས་བར་སྣང་ས་ཚིགས་སུ་འཕུར་གྲུ་འཕེན་གཏོང་བྱས་ཏེ་རྒྱུན་གཏན་གྱི་ལས་འགན་འགྲུབ་ཐུབ་པའམ་ཡང་ན་འཕྲུལ་སྟོམ་འཕེན་གཏོང་སོགས་རྒྱུན་གཏན་མིན་པའི་ལས་འགན་ལེགས་གྲུབ་ཐུབ་པ་མཚོན་པར་མ་ཟད། ད་དུང་གྲུང་གོའི་བར་སྣང་ས་ཚིགས་སུ་ཡུན་རིང་མི་སྡོད་པའི་བར་སྣང་དུས་རབས་དངོས་སུ་མགོ་ཚུགས་པ་མཚོན་ཡོད།

དོན་དངོས་སུ་ཧྲིན་ཀྲིག་ཨང་རྟགས་བཅུ་གཉིས་པ་དང་ཐེན་ཧོ་དཀྱིལ་སྙིང་གྲུ་ཁང་སྦྲེལ་མཐུད་བྱས་རྗེས་སྡེབ་སྒྲིག་གི་གཟུགས་སུ་གྲུབ། དབྱིངས་སྐྱོད་པ3དཀྱིལ་སྙིང་གྲུ་ཁང་དུ་དུས་ཡུན་ཟླ་བ3རིང་ལ་བསྡད་ནས། བར་སྣང་ཚན་རིག་དང་ལག་རྩལ་ཚོད་ལྟ་རབ་དང་རིམ་པ་ཞིག་སྤེལ་ཏེ། འཁོར་ལམ་ཐོག་ཏུ་འགག་རྩའི་ལག་རྩལ་མང་པོ་ར་སྤྱོད་བྱས་པ་དཔེར་ན། དབྱིངས་སྐྱོད་པའི་ཡུན་རིང་སྡོད་པ་དང་བསྐྱར་སྐྱེས་སྐྱེ་དངོས་འགན་བཅོལ(བསྐྱར་སྐྱེས་རྣམ་པའི་ཚེ་སྲོག་འགན་ལེན)། བར་སྣང་དངོས་ཐོག་མཁོ་སྤྲོད། གྲུ་ཁང་ནས་ཕྱིར་སྐྱོད་པའི་བྱེད་སྒོ། གནམ་གྲུའི་ཕྱི་རོལ་གྱི་བཀོལ་སྤྱོད། འཁོར་ལམ་ཉམས་གསོ་སོགས་ཀྱི་བར་སྣང་ས་ཚིགས་བསྐྱུན་པ་དང་གཉེར་སྐྱོང་སོགས་ཚུད་ཡོད།

ཧྲིན་ཀྲིག་ཨང་རྟགས་བཅུ་གསུམ་པ་འཁོར་ལམ་དུ་འཛུལ་རྗེས། ཡང་ཐེན་ཧོ་དཀྱིལ་སྙིང་གྲུ་ཁང་དང་། ཐེན་ཀྲིག་ཨང་རྟགས་གཉིས་པ་དང་ཐེན་ཀྲིག་ཨང་རྟགས་གསུམ་པ་བཅས་དང་མཉམ་དུ་སྡེབ་སྒྲིག་གི་གཟུགས་སུ་གྲུབ་སྟེ། རང་བདག་མགྱོགས་མྱུར་གྱིས་ཚོང་འདུས་སྦྲེལ་མཐུད་བྱས། དབྱིངས་སྐྱོད་པ3གྱིས་དུས་ཡུན་ཟླ་བ6གི་འཁོར་ལམ་སྟེང་དུ་སྡོད་རྒྱུར་མགོ་བརྩམས་པ་དང་། དུས་མཚུངས་སུ་འཕྲུལ་ཆས་ལག་པའི་བཀོལ་སྤྱོད་དང་། གྲུ་ཁང་ནས་ཕྱིར་སྐྱོད་པའི་བྱེད་སྒོ། གྲུ་ཚང་དུམ་བུ་གནས་སྤྱུར་དང་བར་སྣང་ཚན་རིག་དང་ལག་རྩལ་ཚོད་ལྟ་སོགས་ཀྱི་ལས་དོན་སྤེལ་ཏེ། མུ་མཐུད་དུ་དབྱིངས་སྐྱོད་པས་ཡུན་རིང་འཁོར་ལམ་སྟེང་དུ་སྡོད་རྒྱུ་དང་བསྐྱར་སྐྱེས་སྐྱེ་དངོས་འགན་བཅོལ་སོགས་འགག་རྩའི་ལག་རྩལ་རབ་དང་རིམ་པ་ར་སྤྱོད་བྱས་སོ། །

# 04 中国火星探测计划

## ཀྲུང་གོའི་སྐར་མ་མིག་དམར་གྱི་རྟོག་འཇལ་འཆར་གཞི།

中国火星探测计划于2016年正式立项，它也是2020年启动的中国行星探测任务“天问”系列的第一步，所以，首个火星探测器也称为“天问一号”，它发回的高清火星影像图（包括2幅黑白图像和1幅彩色图像），已于2021年3月4日由国家航天局向全球公布。它已于同年5月15日，搭载着中国首辆火星车“祝融号”成功着陆于火星表面预定位置。7天后，祝融号安全驶离着陆平台，到达火星表面，开始巡视探测，这意味着我国首次火星探测任务取得圆满成功。天问系列今后将在继续探测行星的同时，也对太阳系中的其他小行星开展多方位探测，努力探寻生命起源和地外生命信息等。

中国的火星探测任务主要包括：探索相关生命信息。比如，火星的过去和现在是否存在生命，火星的生存条件和环境；探测火星的磁层、环境、电离层和大气层等，比如，火星的地形、地貌特征与分区，火星表面物质组成与分布，地质特征与构造区划等；探索火星的内部结构和成分，分析火星的起源与演化等。

ཀྲུང་གོའི་སྐར་མ་མིག་དམར་གྱི་རྟོག་འཇལ་འཆར་གཞི་ནི2016ལོར་དངོས་སུ་ལས་གཞི་མགོ་ཚུགས་པ་དང་། དེ་ནི2020ལོར་སྤྱིལ་མགོ་ཚུགས་པའི་ཀྲུང་གོའི་རྒྱ་སྐར་རྟོག་འཇལ་ལས་འགན"ཐེན་ཝུན"ཚན་བསྟར་གོམ་སྟབས་དང་པོའང་ཡིན། དེ་བས་སྐར་མ་མིག་དམར་གྱི་རྟོག་འཇལ་ཡོ་བྱད་ཐོག་མ་འདིར"ཐེན་ཝུན་ཨང་རྟགས་དང་པོ"ཞེས་རྗོད་བཞིན་ཡོད། དེས་ཕྱིར་སྤྱོད་པའི་སྐར་མ་མིག་དམར་གྱི་བརྙན་པར་རི་མོ(ཚོན་མེད་པར་རིས2དང་ཚོན་ལྡན་པར་རིས1ཚུད་པ)འདི2021ལོའི་ཟླ3པའི་ཚེས4ཉིན་རྒྱལ་ཁབ་དབྱིངས་སྐྱོད་ཅུས་འཛམ་གླིང་ཧྲིལ་པོར་ཁྱབ་བསྒྲགས་བྱས། དེ་ཉིད་ལོ་དེའི་ཟླ5པའི་ཚེས15ཉིན་ཀྲུང་གོའི་སྐར་མ་མིག་དམར་གྱི་ལྷངས་འཁོར་ཐོག་མ་སྟེ"ཀྲུའུ་རུང་ཨང་རྟགས་ཅན"ལྷུགས་ནས་སྐར་མ་མིག་དམར་ཕྱི་ངོས་ཀྱི་སྔོན་བཀོད་གནས་སུ་བདེ་བླག་ངང་བབས་པ་དང་། ཉིན7གྱི་རྗེས་སུ་ཀྲུའུ་རུང་ཨང་རྟགས་ཅན་བདེ་འཇགས་ངང་སྐམ་སའི་ལམ་སྟེགས་སུ་བབས་ཤིང་། སྐར་མ་མིག་དམར་གྱི་ཕྱི་ངོས་སུ་སླེབས་ནས་སྐོར་ཞིབ་རྟོག་འཇལ་བྱེད་མགོ་ཚུགས་པས། རང་རྒྱལ་གྱི་སྐར་མ་མིག་དམར་གྱི་རྟོག་འཇལ་ལས་འགན་ཐོག་མ་འདི་ཉིད་ཕུན་སུམ་ཚོགས་པོའི་ངང་ལེགས་གྲུབ་བྱུང་བ་མཚོན་ཡོད། ཐེན་ཝུན་ཚན་བསྟར་གྱིས་མ་འོངས་པར་མུ་མཐུད་དུ་རྒྱ་སྐར་རྟོག་འཇལ་བྱེད་པ་དང་ཆབས་ཅིག ཉི་མའི་ཁྱིམ་རྒྱུད་ཁྲོད་ཀྱི་རྒྱུ་སྐར་ཆུང་གྲས་གཞན་དག་ལ་ཕྱོགས་མང་པོའི་རྟོག་འཇལ་བྱས་ཏེ། ཏུར་ཐག་གིས་ཚེ་སྲོག་གི་འབྱུང་ཁུངས་དང་ཕྱི་རོལ་གྱི་ཚེ་སྲོག་གི་ཆ་འཕྲིན་འཚོལ་ཞིབ་བྱེད་ངེས་ཡིན།

ཀྲུང་གོའི་སྐར་མ་མིག་དམར་གྱི་རྟོག་འཇལ་ལས་འགན་གཙོ་བོ་ནི། འབྲེལ་ཡོད་ཚེ་སྲོག་གི་ཆ་འཕྲིན་འཚོལ་ཞིབ་བྱ་རྒྱུ་དེ་ཡིན་ཏེ། དཔེར་ན། སྐར་མ་མིག་དམར་གྱི་འདས་ཟིན་པ་དང་ད་ལྟར་ཚེ་སྲོག་ཡོད་མེད་དང་། སྐར་མ་མིག་དམར་གྱི་འཚོ་གནས་ཆ་རྐྱེན་དང་ཁོར་ཡུག སྐར་མ་མིག་དམར་གྱི་སྤུད་རིམ་དང་ཁོར་ཡུག གློག་གྲིས་རིམ་པ། རླུང་ཁམས་ཆེན་པོའི་བང་རིམ་སོགས་རྟོག་འཇལ་བྱེད་པ་ཡིན། ཡང་དཔེར་ན། སྐར་མ་མིག་དམར་གྱི་ས་དབྱིབས་དང་། ས་དབྱིབས་ཀྱི་ཁྱད་ཆོས་དང་དབྱེ་ཁུལ། སྐར་མ་མིག་དམར་གྱི་ཕྱི་ངོས་དངོས་པོའི་གྲུབ་ཚུལ་དང་ཁྲབ་ཚུལ། ས་གཤིས་ཁྱད་ཆོས་དང་གྲུབ་ཚུལ་དབྱེ་འབྱེད་སོགས་དང་། སྐར་མ་མིག་དམར་ནང་ཁུལ་གྱི་གྲུབ་ཚུལ་དང་གྲུབ་ཆའི་འཚོལ་ཞིབ་དང་། སྐར་མ་མིག་དམར་གྱི་འབྱུང་ཁུངས་དང་རིམ་འགྱུར་སོགས་ལ་དབྱེ་ཞིབ་བྱེད་པ་ཡིན་ནོ། །

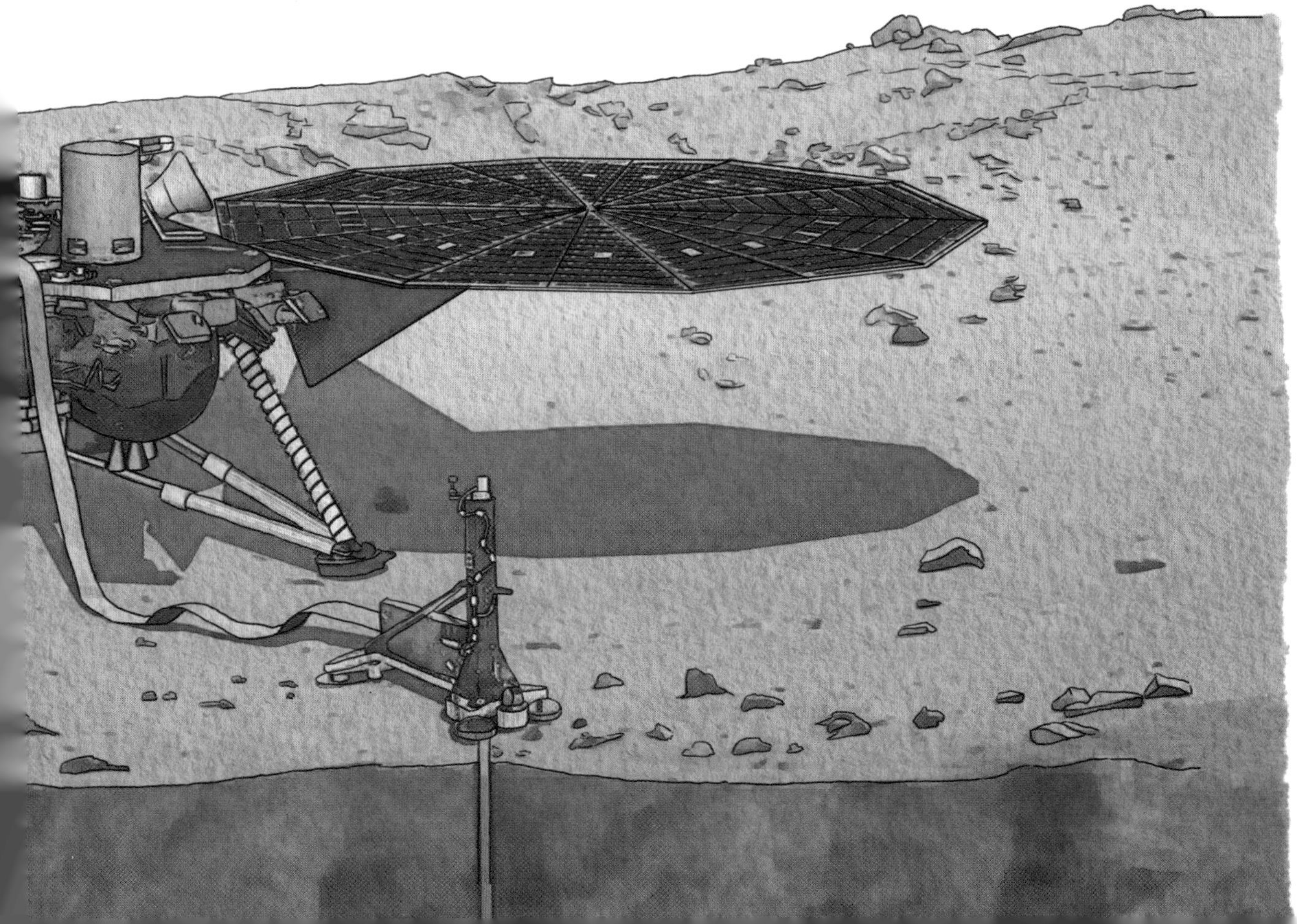

# 05 天问一号
## ཐེན་ཝུན་ཨང་རྟགས་དང་པོ།

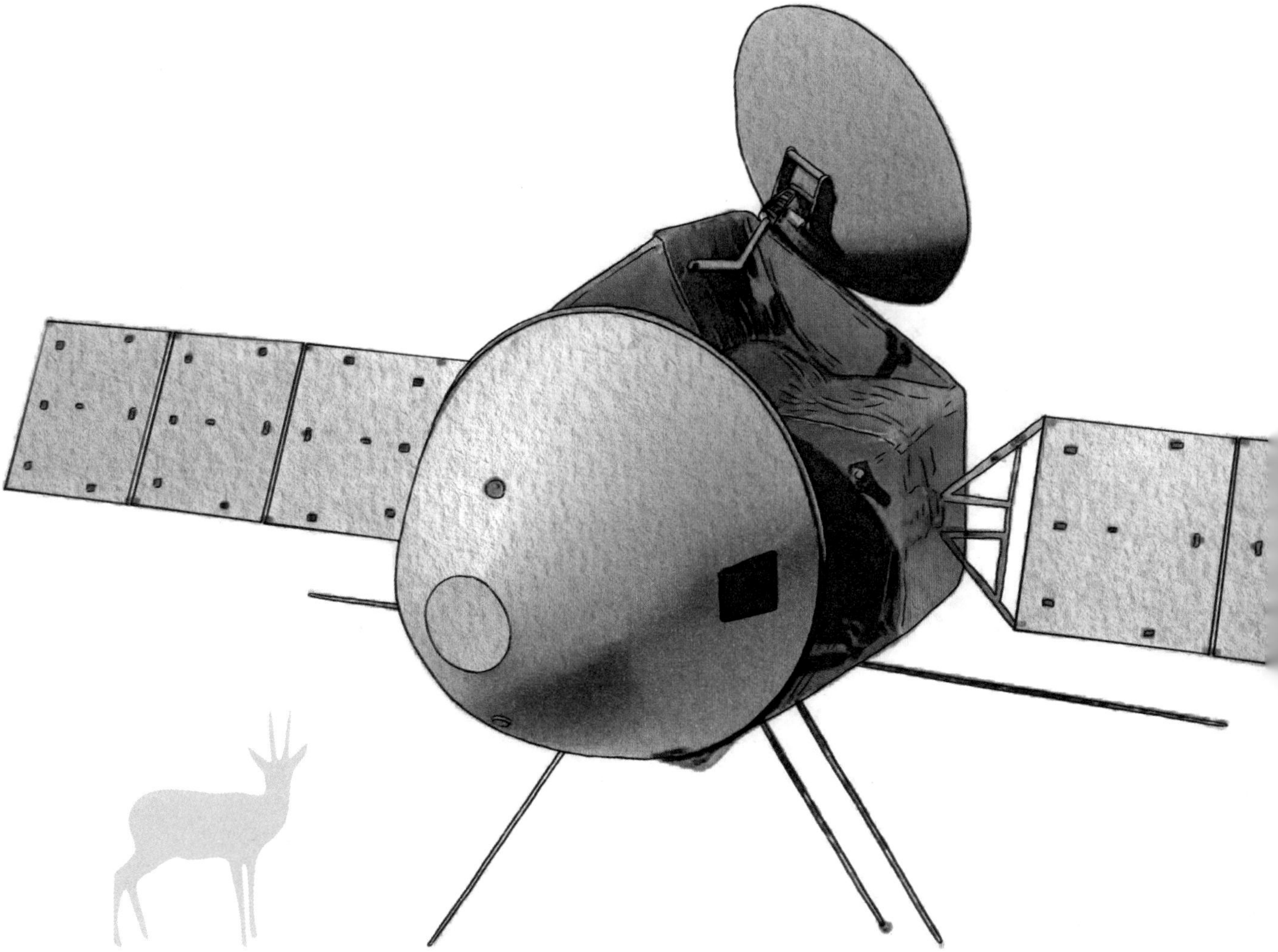

“天问一号”是我国自主研制的外星探测器，负责执行首次火星探测任务。它于2020年7月23日由我国现役最大运载火箭长征五号发射升空并成功进入预定轨道，于2021年2月到达火星附近，开始实施火星捕获任务。从2021年5月起，它开始自动择机实施降轨、分离着陆巡视器与环绕器、软着陆火星表面、火星车驶离着陆平台、开展巡视探测等工作，然后开始探测火星的表面形貌、土壤特性、物质成分、水冰、大气、电离层、磁场等。此举实现了中国在深空探测领域的技术跨越，将推动我国空间科学、技术和应用的全面发展。

天问一号总重量约5吨，由环绕器、着陆器和巡视器（火星车）组成。其中，环绕器主要负责火星大气电离层分析及行星际环境探测，火星表面和地下水冰的探测，火星土壤类型分布和结构探测，火星地形地貌特征及其变化探测，火星表面物质成分的调查和分析等。着陆器负责让火星车安全着陆。火星车的主要任务是探测巡视区的形貌、地质、土壤、水冰、矿物、表面元素和岩石类型，以及大气特征与表面环境等。

"ཐེན་ལྕུན་ཨང་རྟགས་དང་པོ"ནི་རང་རྒྱལ་གྱིས་རང་བདག་ཞིབ་བཟོ་བྱས་པའི་ཕྱི་སྐར་འཚོལ་ཞིབ་འཕྲུལ་ཆས་ཤིག་ཡིན་པ་དང་། དེས་སྐར་མ་མིག་དམར་གྱི་རྟོག་འཇལ་ལས་འགན་ཐོག་མ་ལག་བསྟར་བྱེད་པའི་ལས་འགན་འཁུར་ཡོད། དེ་ཉིད2020ལོའི་ཟླ7པའི་ཚེས23ཉིན་རང་རྒྱལ་གྱི་དངོས་ཞབས་སྐྱེལ་འདྲེན་མེ་ཤུགས་འཕུར་མདའ་ཆེ་ཤོས་ཁྲུང་གྲེན་ཨང་རྟགས་ལྔ་པ་མཁའ་དབྱིངས་སུ་འཕེན་གཏོང་བྱས་པ་དང་། དུས་མཚུངས་སུ་སྔོན་བཀོད་འཁོར་ལམ་སྟེང་དུ་བདེ་ཐག་དང་བབས་ཤིང་། 2021ལོའི་ཟླ2པར་སྐར་མ་མིག་དམར་གྱི་ཉེ་འགྲམ་དུ་འབྱོར་ནས་སྐར་མ་མིག་དམར་འཛིན་བཟུང་གི་ལས་འགན་ལག་བསྟར་བྱེད་མགོ་ཚུགས། 2021ལོའི་ཟླ5པ་ནས་བཟུང་། དེས་རང་འགུལ་གྱིས་འཕྲུལ་ཆས་བདམས་ནས་འཁོར་ལམ་གཙོག་པ་དང་། སྐམ་སའི་སྐོར་ཞིབ་འཕྲུལ་ཆས་དང་སྐོར་དཀྱིལ་འཕྲུལ་ཆས་དབྱེ་འབྱེད་པ། སྐར་མ་མིག་དམར་གྱི་ཕྱི་ངོས་སུ་འབབ་པ། སྐར་མ་མིག་དམར་ལྷངས་འཁོར་སྐམ་སའི་ལས་སྟེགས་ནས་ཁ་བྲལ་བ། སྐོར་ཞིབ་རྟོག་འཇལ་སོགས་ཀྱི་ལས་དོན་སྒྲིལ་བ་དང་། དེའི་རྗེས་སུ་སྐར་མ་མིག་དམར་གྱི་ཕྱི་ངོས་རྣམ་པ་དང་ས་རྒྱུའི་ཁྱད་ཆོས། དངོས་པོའི་གྲུབ་ཆ། ཆུ་འཁྱགས། རླུང་ཁམས་ཆེན་མོ། གློག་གྲིས་རིམ་པ། སྦུད་ར་སོགས་རྟོག་འཇལ་བྱེད་མགོ་ཚུགས་པ་ཡིན། བྱ་གཞག་འདིས་ཀྱང་གོས་བར་སྣང་རྟོག་འཇལ་ཁྱབ་ཁོངས་ཀྱི་ལག་རྩལ་མཆོང་སྐྱོད་མངོན་འགྱུར་བྱུང་སྟེ། རང་རྒྱལ་གྱི་བར་སྣང་ཚན་རིག་དང་ལག་རྩལ། བེད་སྤྱོད་བཅས་ཕྱོགས་ཡོངས་ནས་འཕེལ་རྒྱས་འགྲོ་བར་སྐུལ་འདེད་ཐེབས་ངེས་ཡིན།

ཐེན་ལྕུན་ཨང་རྟགས་དང་པོའི་སྤྱིའི་ལྗིད་ཚད་ཏུན5ཙམ་ཡིན་ཞིང་། དེ་ནི་སྐོར་དཀྱིལ་འཕྲུལ་ཆས་དང་སྐམ་འབབ་འཕྲུལ་ཆས། སྐོར་གཟིགས་ཡོ་བྱད(སྐར་མ་མིག་དམར་ལྷངས་འཁོར)བཅས་ལས་གྲུབ་པ་ཡིན། དེའི་ཁྲོད་ཀྱི་སྐོར་དཀྱིལ་འཕྲུལ་ཆས་ཀྱིས་གཙོ་བོར་སྐར་མ་མིག་དམར་གྱི་རླུང་ཁམས་ཆེན་མོའི་གློག་གྲིས་རིམ་པ་དབྱེ་ཞིབ་དང་དེ་བཞིན་སྐར་མའི་བར་གྱི་ཁོར་ཡུག་རྟོག་འཇལ་དང་། སྐར་མ་མིག་དམར་གྱི་ཕྱི་ངོས་དང་ས་འོག་གི་ཆུ་འཁྱགས་རྟོག་འཇལ། སྐར་མ་མིག་དམར་གྱི་ས་རྒྱུའི་རིགས་ཁྱབ་ཚུལ་དང་སྒྲིག་གཞིའི་རྟོག་འཇལ། སྐར་མ་མིག་དམར་གྱི་ས་དབྱིབས་ཁྱད་ཆོས་དང་དེའི་འགྱུར་ལྡོག་རྟོག་འཇལ། སྐར་མ་མིག་དམར་གྱི་ཕྱི་ངོས་དངོས་པོའི་གྲུབ་ཆར་བརྟག་དཔྱད་དང་དབྱེ་ཞིབ་སོགས་ཀྱི་འགན་འཁུར་པ་ཡིན། སྐམ་འབབ་འཕྲུལ་ཆས་ཀྱིས་སྐར་མ་མིག་དམར་ལྷངས་འཁོར་བདེ་འཇགས་ངང་འབབ་ཏུ་འཇུག་རྒྱུར་འགན་འཁུར་ཡོད། སྐར་མ་མིག་དམར་ལྷངས་འཁོར་གྱི་ལས་འགན་གཙོ་བོ་ནི་སྐོར་ཞིབ་ཁུལ་གྱི་དབྱིབས་རྣམ་དང་ས་གཤིས། ས་རྒྱུ། ཆུ་འཁྱགས། གཏེར་རྫས། ཕྱི་ངོས་རྒྱུད་རྒྱུ། བྲག་རྡོའི་རིགས་བཅས་དང་དེ་བཞིན་རླུང་ཁམས་ཆེན་པོའི་ཁྱད་ཆོས་དང་ཕྱི་ངོས་ཁོར་ཡུག་སོགས་རྟོག་འཇལ་བྱེད་པ་ཡིན་ནོ། །

# 06 祝融号

## ཀྲུའུ་རུང་རྟགས་ཅན།

“祝融号”是我国首辆火星车，高1.85米、重约240公斤，设计寿命为3个火星月，相当于约92个地球日，搭载的仪器主要有：火星表面成分探测仪、多光谱相机、导航地形相机、火星次表层探测雷达、火星表面磁场探测仪和火星气象测量仪等。2021年5月17日，开始传回遥测数据；5月22日，安全驶离着陆平台，到达火星表面，开始巡视探测；8月23日，平安在火星上度过100天，行驶距离超过1公里。

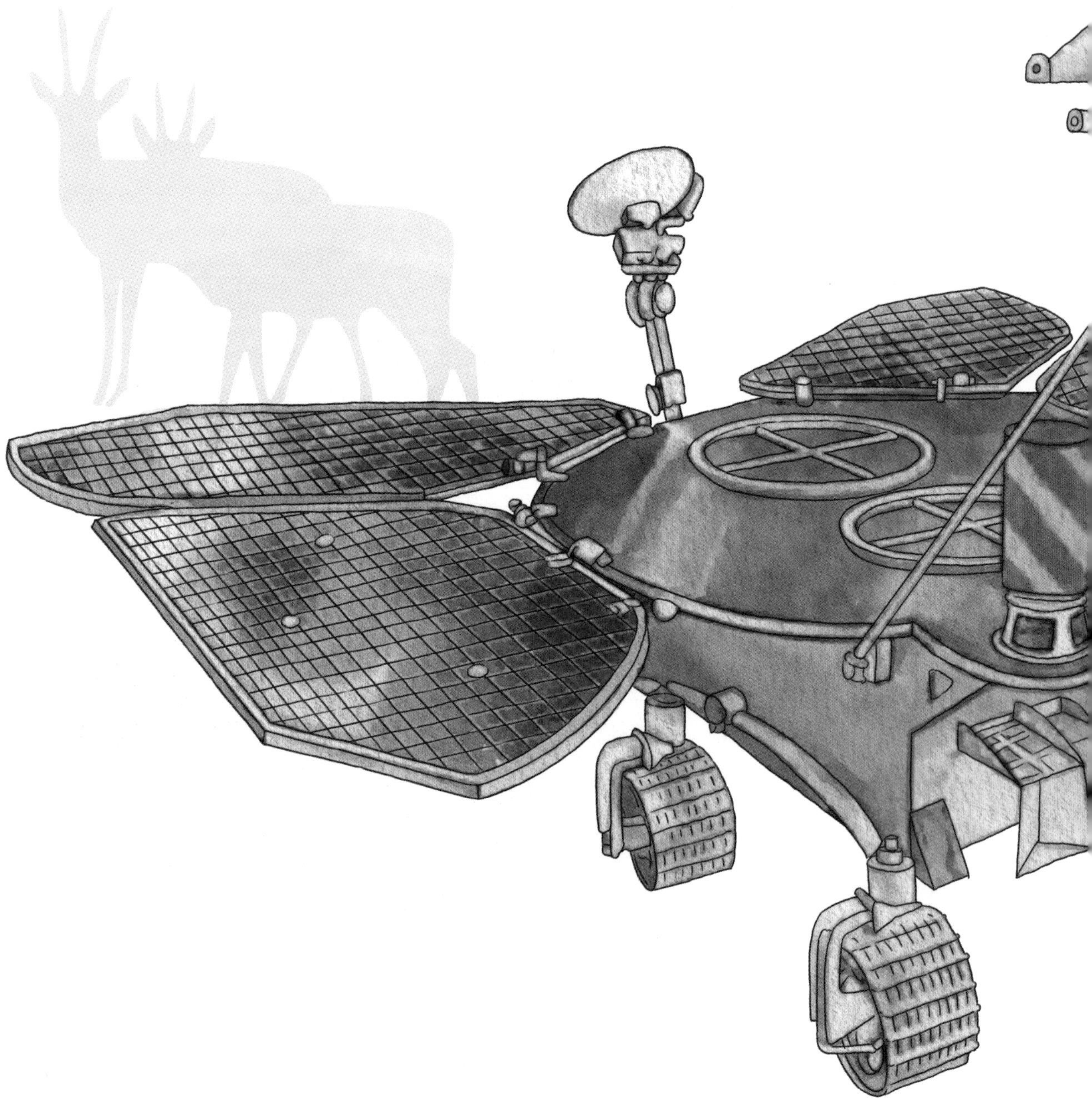

相较于国外的火星车，祝融号的移动能力更强，设计也更复杂。它采用主动悬架，6个车轮均可独立驱动，独立转向。除前进、后退、四轮转向行驶等功能之外，它还具备蟹行能力，用于灵活避障及大角度爬坡。它的更强大功能还包括车体升降、像蠕虫那样运动以及抬轮排故。车体升降，即在火星极端环境表面可以利用车体升降摆脱沉陷；像蠕虫那样运动，即配合车体升降，在松软地形上行进；抬轮排故，即遇到车轮故障时，可通过质心位置调整及夹角与离合的配合，将故障车轮抬离地面，以便继续行驶。

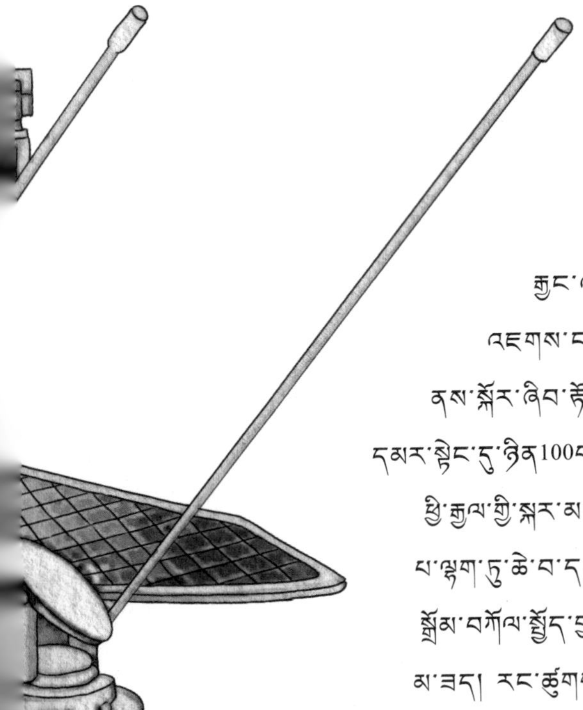

“ཀྲུའུ་རུང་རྟགས་ཅན”ནི་རང་རྒྱལ་གྱི་སྐར་མ་མིག་དམར་རླངས་འཁོར་ཐོག་མ་ཡིན་པ་དང་། དེའི་མཐོ་ཚད་ལ་སྨི1.85དང་ལྗིད་ཚད་ལ་སྤྱི་རྒྱ240ཙམ་ཡོད། འཆར་འགོད་སྤྱོད་ཡུན་ནི་སྐར་མ་མིག་དམར་གྱི་ཟླ་བ3ཡིན་ཞིང་སའི་གོ་ལའི་ཉིན་མོ92ཙམ་དང་གཅིག་མཚུངས་ཡིན། ཐེག་ཁྱེར་དཔྱད་ཆས་གཙོ་བོ་ནི་སྐར་མ་མིག་དམར་གྱི་ཕྱི་ངོས་གྲུབ་ཆའི་རྟོག་འཇལ་ཡོ་ཆས་དང་འོད་ཤལ་མང་བའི་པར་ཆས། ཕྱོགས་སྟོན་ས་དབྱིབས་པར་ཆས། སྐར་མ་མིག་དམར་གྱི་ཆུ་ཚོད་རིམ་པའི་རྟོག་འཇལ་རྡ་ཏར། སྐར་མ་མིག་དམར་ངོས་ཀྱི་སྦུད་རའི་རྟོག་འཇལ་ཡོ་ཆས། སྐར་མ་མིག་དམར་གྱི་གནམ་གཤིས་ཚད་འཇལ་ཆས་སོགས་ཡོད། 2021ལོའི་ཟླ5པའི་ཚེས17ཉིན་རྒྱང་འཇལ་གྲངས་གཞི་ཕྱིར་སྤྲོད་བྱེད་མགོ་ཚུགས་པ་དང་། ཟླ5པའི་ཚེས22ཉིན་བདེ་འཇགས་ངང་སྐམ་སའི་ལས་སྟེགས་ནས་ཁ་བྲལ་ཏེ་སྐར་མ་མིག་དམར་གྱི་ཕྱི་ངོས་སུ་འགྱོར་ནས་སྐོར་ཞིབ་རྟོག་འཇལ་བྱེད་མགོ་ཚུགས། ཟླ8པའི་ཚེས23ཉིན་བདེ་འཇགས་ངང་སྐར་མ་མིག་དམར་སྟེང་དུ་ཉིན100བསྐྱལ་བ་དང་འགྲོ་སྐྱོད་བར་ཐག་སྤྱི་ལེ1ལས་བརྒལ་ཡོད།

ཕྱི་རྒྱལ་གྱི་སྐར་མ་མིག་དམར་རླངས་འཁོར་དང་བསྡུར་ན། ཀྲུའུ་རུང་རྟགས་ཅན་གྱི་སྤྲུལ་བདེའི་ནུས་པ་ལྷག་ཏུ་ཆེ་བ་དང་། འཆར་འགོད་ཀྱང་དེ་བས་རྙོག་འཛིང་ཆེ་བ་ཡིན། འདིས་རང་འགུལ་གྱི་དཔྱང་སྒྲོམ་བཀོལ་སྤྱོད་བྱས་ཡོད་པ་དང་། འཁོར་ལོ6པོ་ཚང་མ་རང་ཚུགས་ཀྱིས་འདེད་སྐུལ་བྱས་ཆོག་པར་མ་ཟད། རང་ཚུགས་ཀྱིས་ཁ་ཕྱོགས་བསྒྱུར་ཆོག མདུན་སྐྱོད་དང་ཕྱིར་ནུར། འཁོར་བཞི་ཕྱོགས་བཞིར་འཁོར་ནས་སྐྱོད་པ་སོགས་ཀྱི་ནུས་པ་ལྡན་པ་ལས་གཞན། འདིར་ད་དུང་སྡིག་སྲིན་ལྟར་སྤྱོད་པའི་ནུས་པ་ལྡན་པས། སྟབས་བསྟུན་གེགས་གཡོལ་དང་ཟུར་ཚད་ཆེན་པོའི་གྱེན་ལ་འཛེག་པར་སྤྱད་ཆོག་པ་ཡིན། འདིའི་སྟེང་ལས་ལྷག་པའི་ནུས་པ་ད་དུང་རླངས་འཁོར་འདེགས་འབེབས་དང་། འབུ་འབུ་དང་མཚུངས་པའི་འགུལ་སྐྱོད་དང་འཁོར་ལོ་ཡར་བཀྱགས་ནས་ཆག་སྐྱོན་སེལ་བ་ཡིན། འཁོར་ལོའི་འདེགས་འབེབས་ཞེས་པ་ནི་སྐར་མ་མིག་དམར་ཐལ་དྲགས་ཁོར་ཡུག་གི་ཕྱི་ངོས་སུ་འཁོར་ལོའི་འདེགས་འབེབས་ལ་བརྟེན་ནས་མར་ནུབ་པའི་གནས་ལས་ཐར་ཐུབ་པ་ཡིན། འབུ་འབུ་དང་མཚུངས་པར་འགུལ་སྐྱོད་བྱེད་པ་ཞེས་པ་ནི་འཁོར་ལོའི་འདེགས་འབེབས་ལ་གཞོགས་འདེགས་བྱས་ཏེ། འཇམ་ཞིང་མཉེན་པའི་ས་དབྱིབས་སྟེང་སྐྱོད་པ་ཡིན། འཁོར་ལོ་ཡར་བཀྱགས་ནས་ཆག་སྐྱོན་སེལ་བ་ཞེས་པ་ནི་འཁོར་ལོར་ཆག་སྐྱོན་ཤོར་བའི་གནས་ཚུལ་དང་འཕྲད་ཚེ། རྫས་སྙིང་གི་གནས་སྟོམ་སྒྲིག་དང་བཅེར་ཟུར་དང་འབྱེད་མཐུད་ཀྱི་གཞོགས་འདེགས་ལ་བརྟེན་ནས། ཆག་སྐྱོན་བྱུང་བའི་འཁོར་ལོ་ས་ངོས་ནས་ཕྱིར་བླངས་ཏེ་མུ་མཐུད་དུ་བསྐྱོད་དུ་བཅུག་པ་ཡིན་ནོ། །

# 07 首批火星影像图

## སྐར་མ་མིག་དམར་གྱི་བརྙན་པར་རེ་སོ་ཐོག་མ།

2021年6月11日，国家航天局在北京公布了“天问一号”探测器着陆火星后由“祝融号”火星车拍摄到的四幅颇具代表性的科学图片。它们分别是，着陆点全景图、火星地形地貌图、中国印迹图和着巡合影图等影像图，这标志着我国首次火星探测任务取得了圆满成功。

着陆点全景图，是火星车尚未驶离着陆平台时，由火星车桅杆上的导航地形相机进行的360度环拍。图像显示，着陆点附近地势平坦，远处可见火星地平线，地形与预期一致，表明着陆点自主选择和悬停避障的效果良好。

火星地形地貌图，是火星车驶达火星表面后，由导航地形相机拍摄的第一幅地形地貌影像图。

中国印迹图，是火星车行驶到着陆平台东偏南60度方向约6米处，拍摄的着陆平台影像图。图像显示，着陆平台熠熠生辉，表面地貌细节丰富。

着巡合影图，是火星车行驶至着陆平台南面约10米处，释放安装在车底部的分离相机后，接着火星车退至着陆平台附近，分离相机拍摄的火星车与着陆平台的合影。

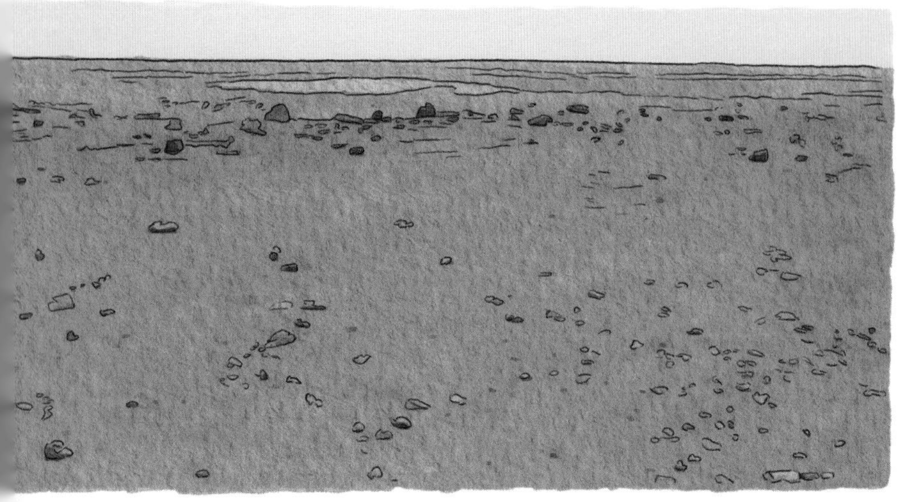

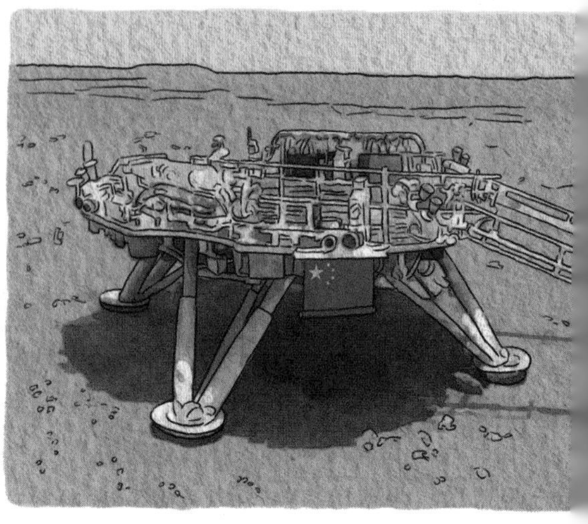

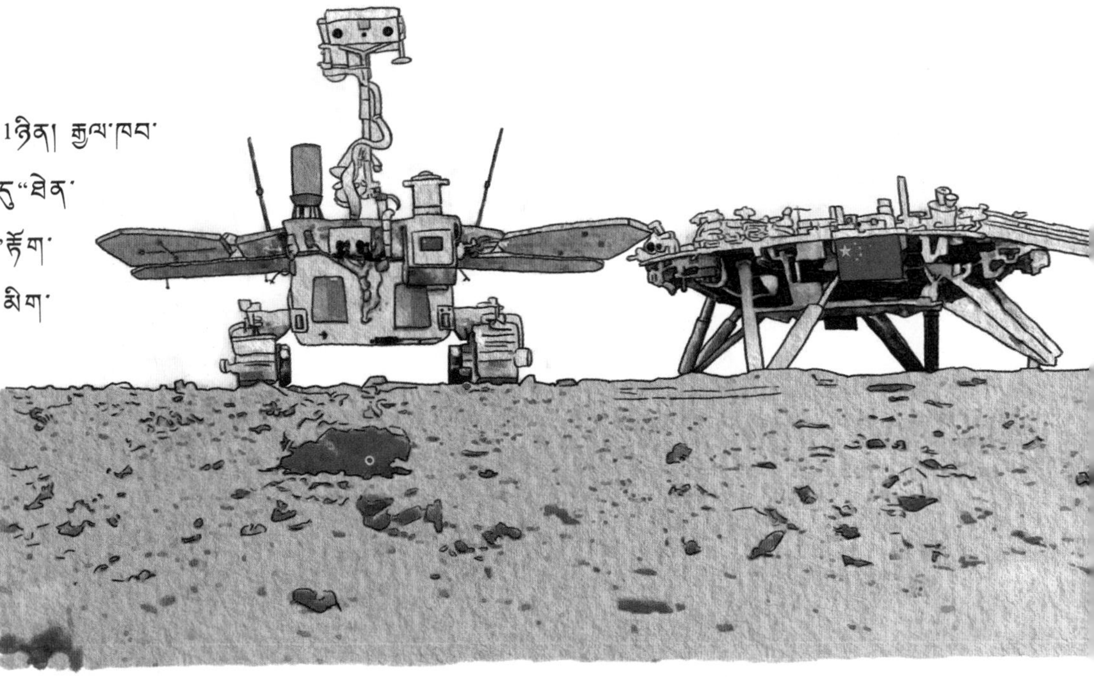

2021ལོའི་ཟླ་6པའི་ཚེས11ཉིན། རྒྱལ་ཁབ་དཔྱིངས་སྐྱོད་ཐུས་པ་ཅན་དུ“ཞིན་ཧྲུན་ཡང་རྟགས་དང་པོའི”རྟོག་འཛུལ་འཁྱུལ་ཆས་སྐར་མ་མིག་དམར་གྱི་སྐམ་སར་བབས་རྗེས། “ཀྲུའུ་རུང་རྟགས་ཅན”གྱི་སྐར་མ་མིག་དམར་རླངས་འཁོར་གྱིས་པར་བླངས་པའི་མཚོན་བྱེད་རང་བཞིན་གྱི་ཚན་རིག་གི་པར་རིས་བཞི་ཡོངས་བསྒྲགས་བྱས། དེ་དག་ནི་སྐམ་སའི་འབབ་ཚོགས་ཀྱི་ཡུལ་ལྗོངས་རྫིལ་པོ་དང་སྐར་མ་མིག་དམར་གྱི་ས་དཔྱིབས་རི་མོ། ཀྲུང་གོའི་རྗེས་ཤུལ་རི་མོ། སྐོར་ཞིབ་མཉམ་པར་རི་མོ་སོགས་ཀྱི་བརྙན་པར་རི་མོ་བཅས་ཡིན། དེའི་ཐོག་ནས་རང་རྒྱལ་གྱི་སྐར་མ་མིག་དམར་གྱི་རྟོག་འཛུལ་ལས་འགན་ཐེངས་དང་པོར་བདེ་ལྷག་དང་ལེགས་གྲུབ་བྱུང་བ་མཚོན་ཡོད།

སྐམ་སའི་འབབ་ཚོགས་ཀྱི་ཡུལ་ལྗོངས་རྫིལ་པོ་ཞེས་པ་ནི་སྐར་མ་མིག་དམར་རླངས་འཁོར་སྐམ་སའི་ལས་སྒྲིགས་ལས་ཁ་མ་བྲལ་བའི་སྐབས་སུ། སྐར་མ་མིག་དམར་གྱི་དར་ཤིང་སྟེང་གི་ཕྱོགས་སྟོན་ས་དཔྱིབས་པར་ཆས་ཀྱིས་ཧུ་འུ360སྐོར་བ་བརྒྱབ་ནས་པར་རྒྱག་པ་ཡིན། པར་རིས་ལས་མངོན་པ་ལྟར་ན། སྐམ་སའི་ཉེ་འཁྲམ་གྱི་ས་བབ་སྙོམས་པོ་ཡིན་པ་དང་། རྒྱང་རིང་ནས་སྐར་མ་མིག་དམར་གྱི་གནམ་སའི་ཐིག་མཚམས་མཐོང་ཐུབ་པ་དང་། ས་དཔྱིབས་དང་སྟོན་དཔག་གཅིག་མཐུན་ཡིན་པས་སྐམ་སའི་འབབ་ཚོགས་ཀྱི་རང་བདག་གནམ་ག་དང་དཔྱད་འགོག་སྐྱོན་སེལ་གྱི་ཕན་འབྲས་ལེགས་པོ་མངོན་པར་མཚོན་ཐུབ།

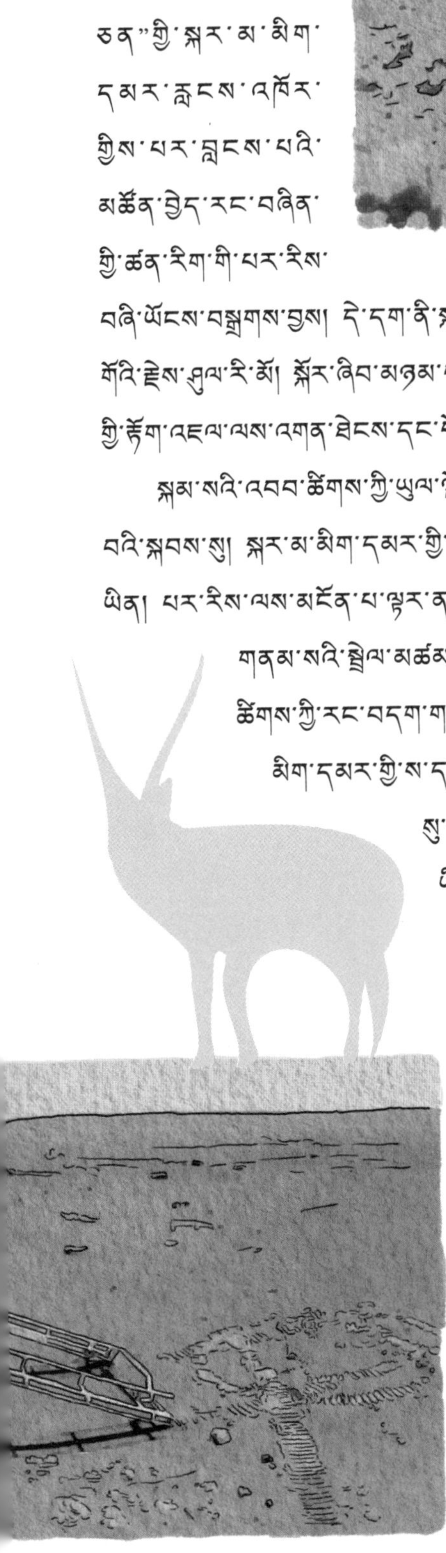

མིག་དམར་གྱི་ས་དཔྱིབས་རི་མོ་ཞེས་པ་ནི་སྐར་མ་མིག་དམར་རླངས་འཁོར་བསྐྱོད་དེ་སྐར་མ་མིག་དམར་གྱི་ཕྱི་ངོས་སུ་སླེབས་རྗེས། ཕྱོགས་སྟོན་ས་དཔྱིབས་པར་ཆས་ཀྱིས་བླངས་པའི་ས་དཔྱིབས་ཀྱི་བརྙན་རིས་དང་པོ་ཡིན།

ཀྲུང་གོའི་རྗེས་ཤུལ་ཞེས་པ་ནི་སྐར་མ་མིག་དམར་རླངས་འཁོར་སྐམ་སར་འབབ་པའི་ལས་སྒྲིགས་ཤར་ཕྱོགས་ཀྱི་ཧུ་འུ60ཡི་ཁ་ཕྱོགས་སུ་སྨི6ཙམ་གྱི་སར་བསྐྱོད་དེ། པར་བླངས་པའི་སྐམ་སའི་ལས་སྒྲིགས་ཀྱི་གཟུགས་བརྙན་རི་མོ་ཡིན། པར་རིས་ལས་མངོན་པ་ལྟར་ན། སྐམ་སར་འབབ་པའི་ལས་སྒྲིགས་ལ་འོད་མདངས་འཚེར་བ་དང་། ཕྱི་ངོས་ས་དཔྱིབས་ཀྱི་ཞིབ་ཕྲའི་གནས་ཚུལ་མང་པོ་ཡོད།

སྐོར་ཞིབ་མཉམ་པར་རི་མོ་ཞེས་པ་ནི་སྐར་མ་མིག་དམར་རླངས་འཁོར་སྐམ་སར་འབབ་པའི་ལས་སྒྲིགས་ཀྱི་ལྷོ་ཕྱོགས་སུ་སྨི10ཙམ་ཡོད་པའི་སར། རླངས་འཁོར་གྱི་ཞབས་སུ་སྒྲིག་སྦྱོར་བྱས་པའི་དབྱེ་འབྱེད་པར་ཆས་བཏང་རྗེས། སྐར་མ་མིག་དམར་རླངས་འཁོར་སྐམ་སར་འབབ་ཚོགས་ལས་སྒྲིགས་ཀྱི་ཉེ་འཁྲམ་དུ་ཕྱིར་འཐེན་བྱས་ཏེ་པར་བླངས་པའི་སྐར་མ་མིག་དམར་རླངས་འཁོར་དང་སྐམ་སའི་ལས་སྒྲིགས་ཀྱི་མཉམ་པར་ཡིན་ནོ། །

# 08 中国探月工程

## ཀྲུང་གོའི་ཟླ་དཔྱད་བཟོ་སྐྲུན།

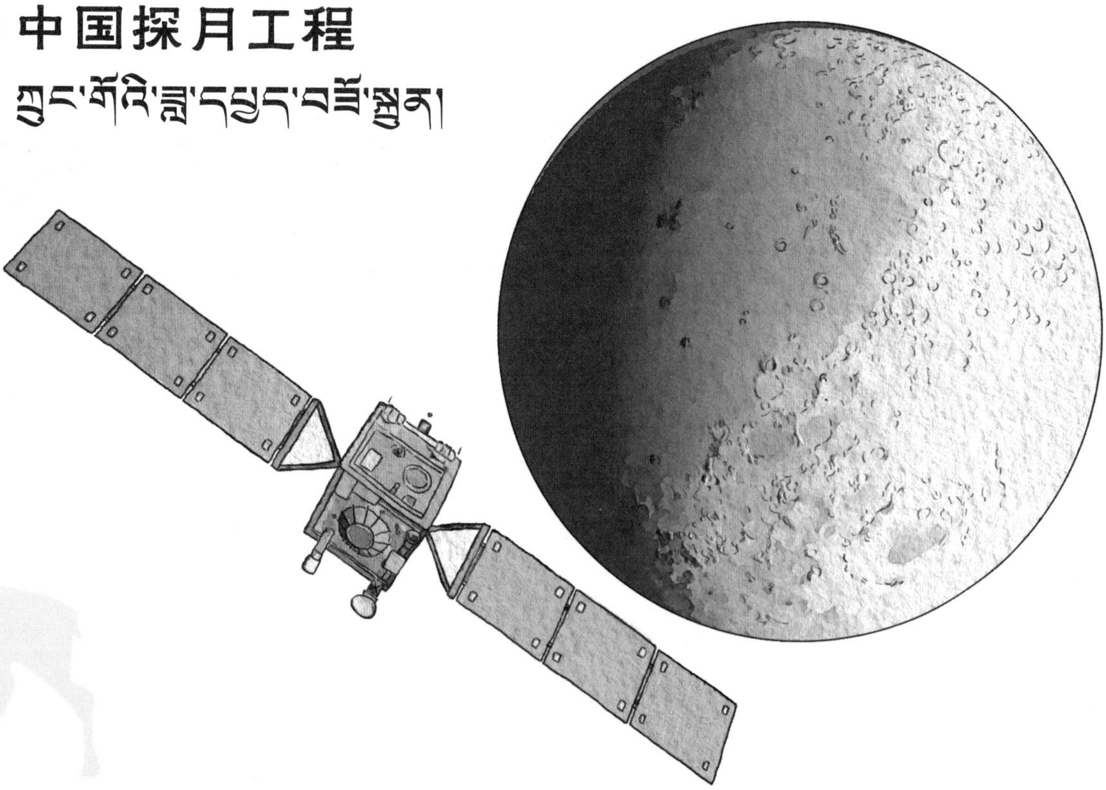

中国探月工程采用绕月探测、落月探测和月球采样返回探测，即“绕、落、回”三步走发展战略，每一步都是对前一步的深化，并为下一步奠定基础，它们有明显的递进关系。中国探月工程以获取月球表面三维影像、分析月球表面有用元素含量和物质类型的分布特点、探测月壤的厚度和氦的资源量、探测地月空间环境为主要目标。比如，记录原始太阳风，研究太阳对地月空间的影响等。目前，已经发射了嫦娥一号、二号、三号、四号和五号。嫦娥一号完成了我国探测器首次奔月。嫦娥二号同属探月一期工程，但完成了更多科学任务。嫦娥三号实现了我国航天器首次在地外天体软着陆，并送去一只萌萌的“玉兔一号”奔跑在月球表面。嫦娥四号实现了人类探测器在月球背面首次软着陆。2020年是嫦娥五号大展身手的时候，实现了月球软着陆及采集月壤带回地球。

为什么要探月呢？原来，月球具有可供人类开发和利用的各种独特资源，月球上特有的矿产和能源是对地球资源的重要补充和储备，将对人类的可持续发展产生深远影响，难怪月球已成为航天大国争夺战略资源的焦点。

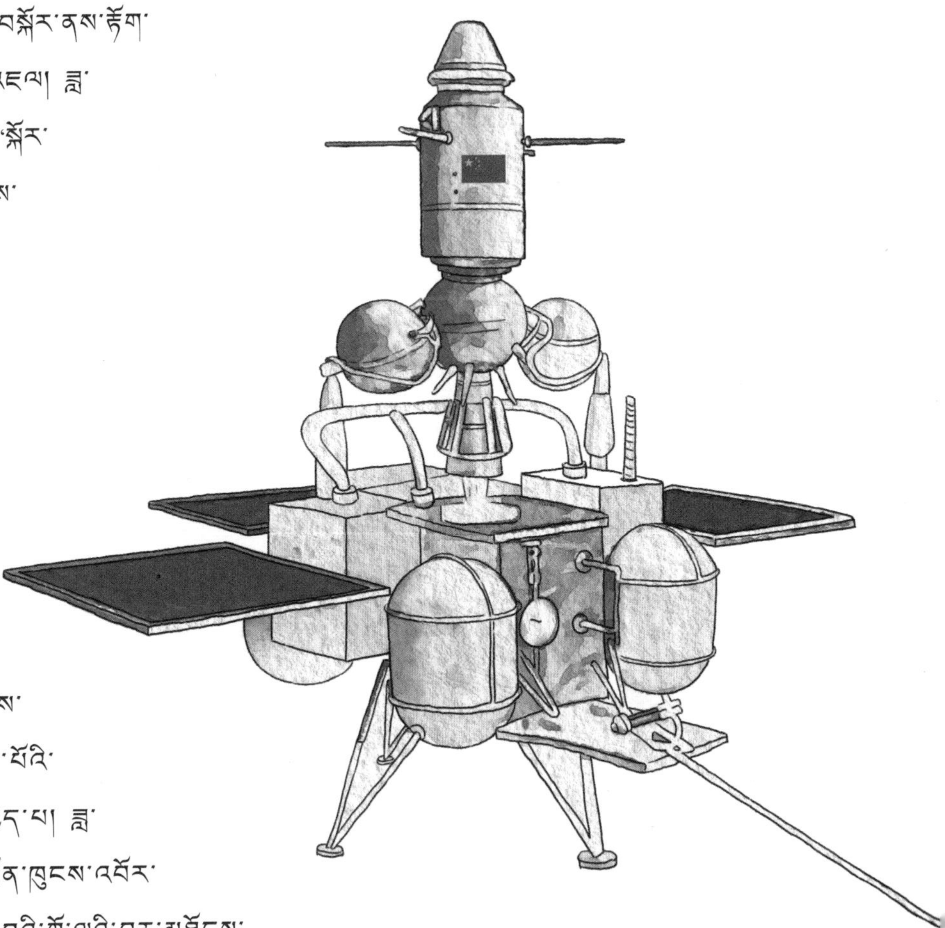

ཀྲུང་གོའི་ཟླ་དཔྱད་བཟོ་སྐྲུན་གྱིས་ཟླ་བ་བསྐོར་ནས་རྟོག་འཛུལ་དང་ཟླ་བའི་སྟེང་དུ་འབབ་པའི་རྟོག་འཛུལ། ཟླ་བའི་གོ་ལར་དཔེ་བཏུ་ཕྱིར་ལོག་བཅས་བྱེད་དེ"སྐོར་བ་དང་འབབ་པ། ཕྱིར་ལོག"བཅས་གོམ་སྟབས་གསུམ་གྱི་འཕེལ་རྒྱས་འཐབ་ཇུས་མངོན་ནོ། །གོམ་སྟབས་རེ་རེ་ནི་གོམ་སྟབས་སྔ་མ་གཏིང་ཟབ་ཏུ་བཏང་བ་དང་། དུས་མཚུངས་སུ་གོམ་སྟབས་རྗེས་མར་རྨང་གཞི་བཏིངས་ཡོད་པས། དེ་དག་ལ་རིམ་འཕར་འབྲེལ་བ་མངོན་གསལ་དོད་པོ་ཡོད། ཀྲུང་གོའི་ཟླ་དཔྱད་བཟོ་སྐྲུན་གྱིས་ཟླ་བའི་གོ་ལའི་ཕྱི་ངོས་ཀྱི་རྩ་གསུམ་བརྙན་གཟུགས་ལེན་པ་དང་། ཟླ་བའི་གོ་ལའི་ཕྱི་ངོས་ཀྱི་གོ་ཆོད་རྒྱུད་རྒྱུའི་འདུས་ཚད་དང་དངོས་པོའི་རིགས་ཀྱི་ཁྱབ་པའི་ཁྱད་ཆོས་ལ་དབྱེ་ཞིབ་བྱེད་པ། ཟླ་བའི་ས་གཤིས་ཀྱི་མཐུག་ཚད་དང་རྡུལ་གྱི་ཐོན་ཁུངས་འཐོར་ཚད་རྟོག་འཛུལ་བྱེད་པ། སའི་གོ་ལ་དང་ཟླ་བའི་གོ་ལའི་བར་མཐོངས་ཁོར་ཡུག་འཚོལ་ཞིབ་བྱེད་པ་སོགས་དམིགས་ཚད་གཙོ་བོར་འཛིན་པ་ཡིན་ཏེ། དཔེར་ན། གདོང་མའི་ཉི་མའི་རླུང་ཟིན་བྲིས་སུ་འགོད་པ་དང་། ཉི་མས་སའི་གོ་ལ་དང་ཟླ་བ་གོ་ལའི་བར་སྟོང་ལ་ཐེབས་པའི་ཤུགས་རྐྱེན་ལ་ཞིབ་འཇུག་བྱེད་པ་སོགས་ལྟ་བུ་ཡིན། མིག་སྔར་ཁྲང་ཨོའུ་ཨང་རྟགས་དང་པོ་དང་ཨང་རྟགས་གཉིས་པ། ཨང་རྟགས་གསུམ་པ། ཨང་རྟགས་བཞི་པ། ཨང་རྟགས་ལྔ་པ་བཅས་འཕེན་གཏོང་བྱས་ཟིན། ཁྲང་ཨོའུ་ཨང་རྟགས་དང་པོས་རང་རྒྱལ་གྱི་རྟོག་འཛུལ་ཡོ་ཆས་ཟླ་བའི་སྟེང་དུ་ཐོག་མར་སྐྱེལ་བ་དང་། ཁྲང་ཨོའུ་ཨང་རྟགས་གཉིས་པ་ནི་ཟླ་དཔྱད་ཀྱི་དུས་ཐེངས་དང་པོའི་བཟོ་སྐྲུན་གྱི་ཁོངས་སུ་གཏོགས་མོད། འོན་ཀྱང་ཚན་རིག་གི་ལས་འགན་སྔར་ལས་མང་བ་ལེགས་གྲུབ་བྱུང་ཡོད། ཁྲང་ཨོའུ་ཨང་རྟགས་གསུམ་པས་རང་རྒྱལ་གྱི་དབྱིངས་སྐྱོད་འཕྲུལ་ཆས་ཐོག་མར་ཕྱིའི་སྐར་མའི་གོ་ལའི་སྟེང་དུ་འབབ་པ་མངོན་འགྱུར་བྱས་པར་མ་ཟད། "ཡུའུ་ཐོ་རྟགས་ཅན"ཞེས་པ་ཟླ་བའི་གོ་ལའི་ཕྱི་ངོས་སུ་རྒྱུག་ཐུབ་པ་བྱུང་། ཁྲང་ཨོའུ་ཨང་རྟགས་བཞི་པས་མིའི་རིགས་ཀྱི་རྟོག་འཛུལ་ཡོ་ཆས་ཟླ་བའི་གོ་ལའི་རྒྱབ་ངོས་སུ་ཐོག་མར་འབབ་པ་མངོན་འགྱུར་བྱས། 2020ལོ་ནི་ཁྲང་ཨོའུ་ཨང་རྟགས་ལྔ་པའི་ནུས་རྩལ་ཆེན་པོ་མངོན་པའི་དུས་སྐབས་ཡིན་པས། ཟླ་བའི་གོ་ལའི་སྟེང་དུ་འབབ་པ་དང་ཟླ་བའི་ས་གཤིས་འཚོལ་སྡུད་བྱས་ནས་སའི་གོ་ལར་ཕྱིར་ལོག་ཐུབ་པ་བྱུང་།

ཟླ་བའི་གོ་ལར་རྟོག་འཛུལ་བྱེད་དགོས་དོན་ཅི་ཡིན་ནམ་ཞེ་ན། དོན་དངོས་སུ་ཟླ་བའི་གོ་ལར་མིའི་རིགས་ཀྱིས་གསར་སྤེལ་དང་བེད་སྤྱོད་བྱེད་པའི་ཐུན་མོང་མ་ཡིན་པའི་ཐོན་ཁུངས་སྣ་ཚོགས་ཡོད་པ་དང་། ཟླ་བའི་གོ་ལའི་སྟེང་གི་དམིགས་བསལ་གྱི་གཏེར་རྫས་དང་ནུས་ཁུངས་ནི་སའི་གོ་ལའི་ཐོན་ཁུངས་ཀྱི་ཁ་གསབ་དང་གསོག་འཇོག་གལ་ཆེན་ཞིག་ཡིན་པས། མིའི་རིགས་ཀྱི་རྒྱུན་མཐུད་འཕེལ་རྒྱས་ལ་ཤུགས་རྐྱེན་ཟབ་མོ་ཐེབས་ངེས་ཡིན། དེ་བས་ཟླ་བའི་གོ་ལ་ནི་དབྱིངས་སྐྱོད་རྒྱལ་ཁབ་ཆེན་པོས་འཐབ་ཇུས་ཐོན་ཁུངས་འཐྲོག་རྩོད་བྱེད་པའི་གནད་འགག་ཏུ་གྱུར་ཡོད་དོ། །

# 09 嫦娥一号

## ཁྲང་ཨོའུ་ཡང་རྟགས་དང་པོ།

2009年3月1日，“嫦娥一号”完成使命，成功撞击月球表面东经52.36度、南纬1.50度的预定地点，树立了中国航天的第三个里程碑，突破了许多具有自主知识产权的核心技术，使中国成为全球为数不多的具有深空探测能力的国家。

嫦娥一号是中国探月计划的首颗绕月人造卫星，它的星体为立方体，两侧各有一个太阳能帆板，最大跨度18.1米，重2350千克，工作寿命一年。它搭载了重约130公斤的8种24台科学探测仪，还在太空播放了30首中国歌曲。

嫦娥一号的技术突破主要包括：设计了一条运行能量最少、发射和变轨过程风险最低的运行轨道，为后续的深空探测轨道设计积累了经验；首次使用了紫外月球敏感器来观测月球，从而可在新月、满月、上弦月、下弦月等各种月相时正常工作；采用了三体定向，电池飞翼瞄准太阳，探测仪瞄准月球，收发天线瞄准地球；采用了先进的温控技术，使卫星能适应120摄氏度至零下180摄氏度之间的温差，既能及时散热，又能正常保温。

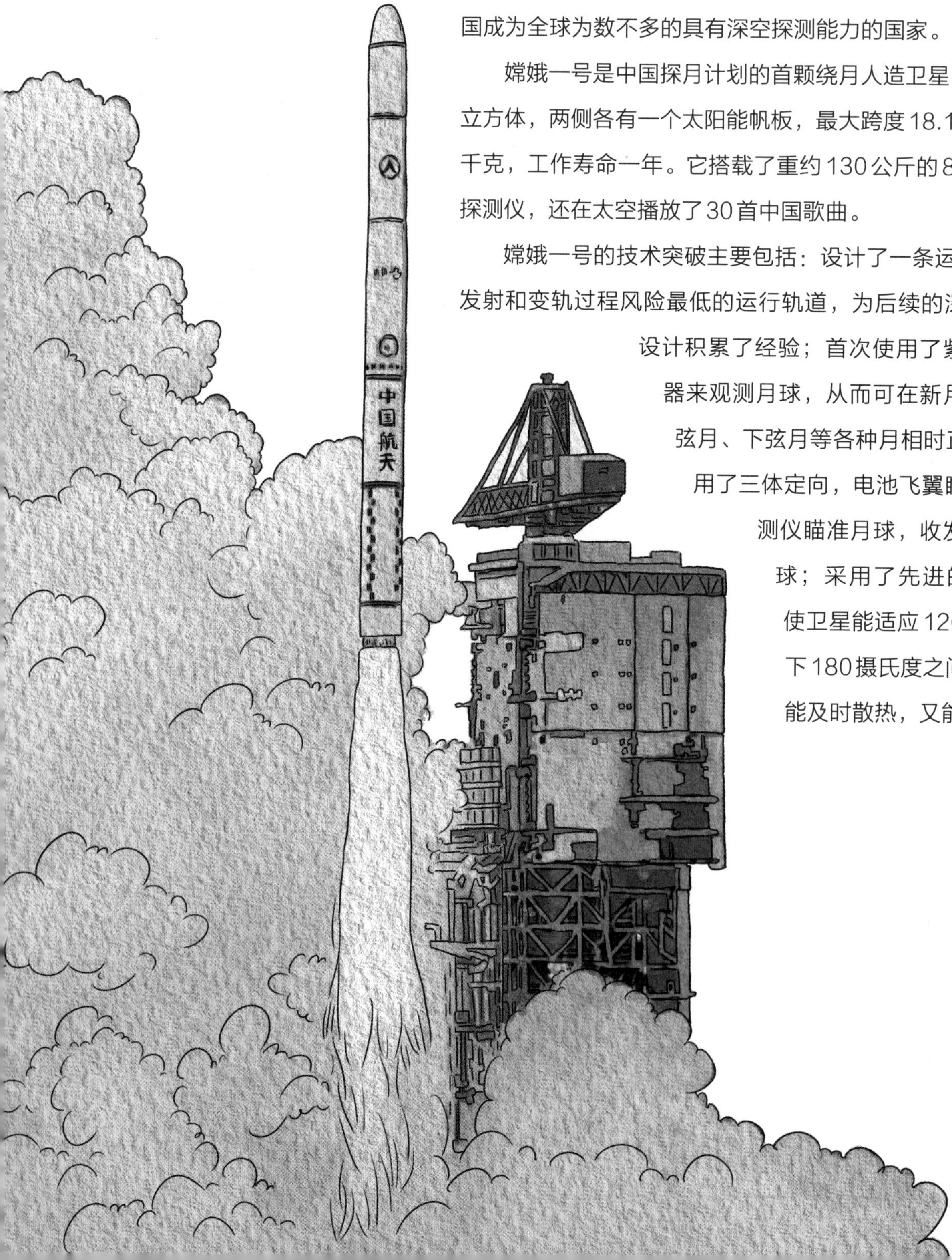

2009ལོའི་ཟླ3པའི་ཚེས1ཉིན། "ཁྲང་ཨོ་ཨང་རྟགས་དང་པོས"ལས་འགན་ལེགས་གྲུབ་བྱུང་སྟེ་རྒྱལ་ཁབ་ཀྱི་ཟླ་བའི་གོ་ལའི་ཕྱི་ངོས་ཤར་གྱི་གཞུང་ཐིག་ཏུའུ52.36དང་། ལྷོའི་འཕྲེད་ཐིག་ཏུའུ1.50ཡི་སྔོན་བཀོད་ས་གནས་ལ་གདོང་གཏུག་བྱས་ཏེ། ཀྲུང་གོའི་དབྱིངས་སྐྱོད་ཀྱི་མཚོན་རྟགས་ཇོ་རིང་གསུམ་པ་བཙུགས་པ་དང་། རང་བདག་ཤེས་བྱའི་ཐོན་དངོས་བདག་དབང་ལྡན་པའི་དཀྱིལ་སྙིང་གི་ལག་རྩལ་མང་པོ་ཞིག་ལས་བརྒལ་ཏེ། ཀྲུང་གོ་ནི་འཛམ་གླིང་ཐོག་པོའི་བར་སྣང་རྟོག་འཛལ་ནུས་པ་ལྡན་པའི་རྒྱལ་ཁབ་ཁུངས་གྲས་སུ་ཚུད་ཡོད།

ཁྲང་ཨོ་ཨང་རྟགས་དང་པོ་ནི་ཀྲུང་གོའི་ཟླ་དཔྱད་འཆར་གཞིའི་ཟླ་བར་བསྐོར་བའི་མིས་བཟོས་སྲུང་སྐར་ཐོག་མ་ཡིན་པ་དང་། དེའི་སྐར་གཟུགས་ནི་གྲུ་བཞི་ལྷམ་པ་ཡིན་ཞིང་གཤོགས་གཉིས་སུ་ཉི་ནུས་གཡོར་ཤིང་རེ་ཡོད། བར་ཐག་ཆེ་ཤོས་སྨི18.1དང་ལྗིད་ཚད་ལ་སྟོང་ཁེ2350ཡོད་ཅིང་། ལས་སྒྲུབ་དུས་ཡུན་ལོ་གཅིག་ཡིན། དེར་ལྗིད་ཚད་སྤྱི་རྒྱ130ཙམ་ཡོད་པའི་ཚན་རིག་རྟོག་འཛལ་ཡོ་ཆས་རིགས8དང24ཐིག་འཁུར་བྱེད་པར་མ་ཟད། ད་དུང་བར་སྣང་དུ་ཀྲུང་གོའི་གླུ་གཞས30བཏང་བ་ཡིན།

ཁྲང་ཨོ་ཨང་རྟགས་དང་པོའི་ལག་རྩལ་ཐོད་རྒལ་གཙོ་བོ་ནི། འཁོར་སྐྱོད་ནུས་ཚད་ཁུང་ཤོས་དང་། འཕེན་གཏོང་དང་འཁོར་ལམ་བསྒྱུར་བའི་བརྒྱུད་རིམ་གྱི་ཉེན་ཁ་དམའ་ཤོས་ཀྱི་འཁོར་སྐྱོད་འཁོར་ལམ་ཞིག་འཆར་འགོད་བྱས་ཏེ། རྗེས་མཐུད་ཀྱི་བར་སྣང་རྟོག་འཛལ་འཁོར་ལམ་འཆར་འགོད་བྱེད་པར་ཉམས་མྱོང་གསོག་འཛོག་བྱས་ཤིང་། ཐེངས་དང་པོར་སྨུག་ཕྱིའི་ཟླ་བའི་གོ་ལའི་ཚོར་ཆས་སྤྱད་དེ་ཟླ་བའི་གོ་ལར་ལྟ་འཛལ་བྱས་པས། ཚེས་ཟླ་དང་ཟླ་བ་ཉ་གང་། ཡར་ངོའི་ཟླ་བ། མར་ངོའི་ཟླ་བ་སོགས་ཟླ་བའི་རྣམ་པ་སྣ་ཚོགས་ཀྱི་དུས་སུ་རྒྱུན་ལྡན་ངང་ལས་སྒྲུབ་བྱེད་ཐུབ། གཟུགས་གསུམ་ཕྱོགས་ངེས་སྤྱད་ཡོད་ཅིང་གློག་རྫས་ཀྱི་གཤོག་པ་ཉི་མར་གཏད་པ་དང་རྟོག་འཛལ་དཔྱད་ཆས་ཟླ་བའི་གོ་ལར་ཁ་གཏད་ལ། སྟུད་ལེན་གནམ་སྐུད་ཀྱིས་སའི་གོ་ལར་ཁ་གཏད་ཡོད། སྔོན་ཐོན་གྱི་དྲོད་ཚད་ཚོད་འཛིན་ལག་རྩལ་སྤྱད་དེ། སྲུང་སྐར་གྱི་དྲོད་ཚད་ཧྲེ་ཧྲི་ཏུའུ120ནས་ཀླད་ཀོར་འོག་གི་ཧྲེ་ཧྲི་ཏུའུ180བར་གྱི་དྲོད་ཚད་ཁྱད་པར་དང་འཚམ་ཞིང་། དུས་ཐོག་ཏུ་ཚ་བ་སེལ་ཐུབ་པར་མ་ཟད་རྒྱུན་ལྡན་གྱི་དྲོད་སྲུང་ཡང་བྱེད་ཐུབ་པོ། །

# 10 嫦娥三号

## ཁྲང་ཨོའུ་ཡང་རྟགས་གསུམ་པ།

2013年12月15日，“嫦娥三号”携带的“玉兔”月球车在月球开始工作，以每小时200米的速度和每一“步”7米左右的节奏巡视月球表面，并与留在落月点的着陆器一起，进行了为期三个月的探测活动，重点探测月表形貌和地质构造、地球等离子体层、月面物质成分和可利用的资源等。

这次活动是中国航天领域技术最复杂、实施难度最大的空间活动之一，它的成功标志着中国的月球软着陆和巡视探测技术达到了国际先进水平。这也是人类时隔37年再次在月球表面展开探测工

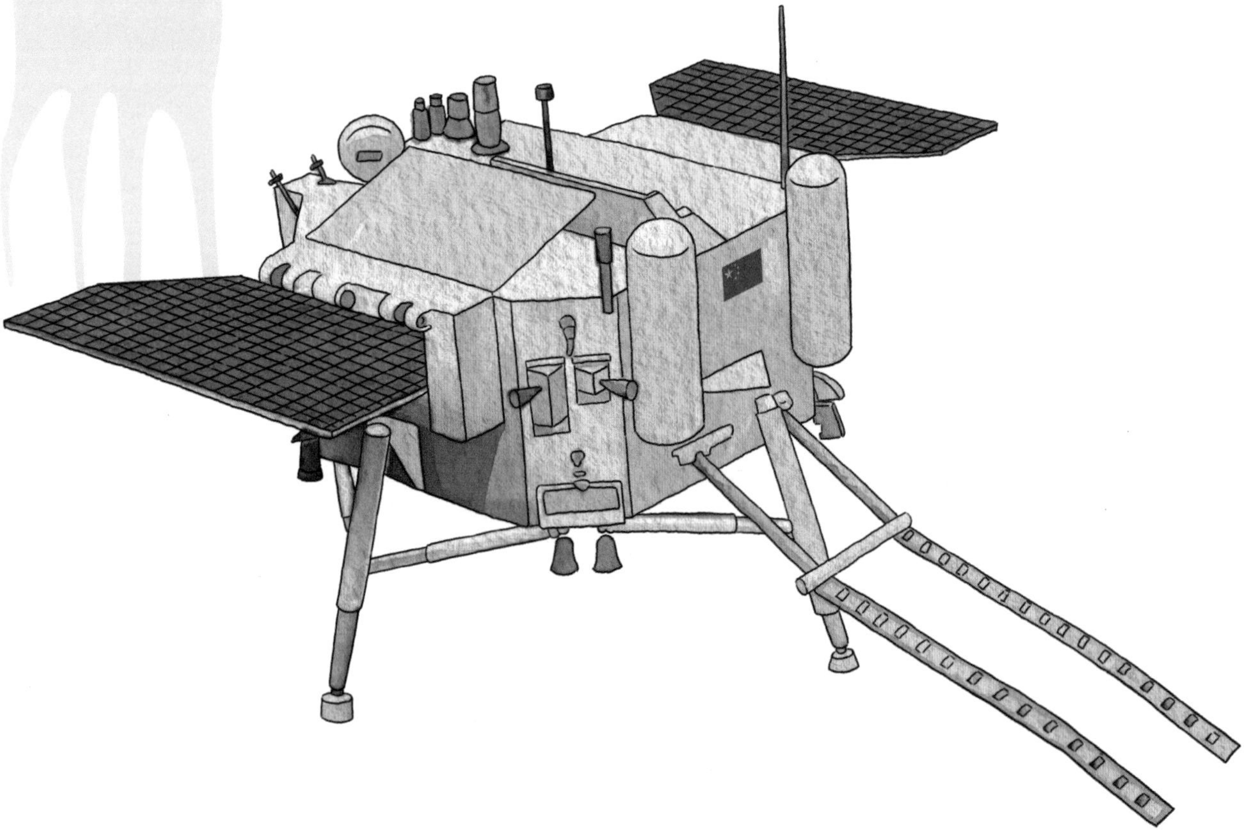

作。美国和俄罗斯为了达到该目标，都经过了20多次的发射任务，中国却只用了三次实验，这不能不说是时代的整体进步。

作为一项庞大的系统工程，探月任务成为中国科技综合实力的一次完美展现。准时发射，精确入轨，稳定落月，创新探索，嫦娥三号的每一步都代表着中国航天新的进步。嫦娥三号的其他任务还包括突破月面生存、深空测控通信与遥控等关键技术，实现中国首次对月球的直接探测。

2013ལོའི་ཟླ་12པའི་ཚེས15ཉིན། "ཁྲང་ཨོའུ་ཨང་རྟགས་གསུམ་པས"རྗེས་ཁྲིད་ཀྱི"ཡུའུ་ཐུ"ཟླ་བའི་གོ་ལའི་རླངས་འཁོར་གྱིས་ཟླ་བའི་གོ་ལར་ལས་ཀ་བྱེད་མགོ་ཚུགས་པ་དང་། ཆུ་ཚོད་རེར་སྨི200ཡི་མྱུར་ཚད་དང"གོམ་བགྲོད"རེ་རེའི་གོམ་པ7ཡས་མས་ཀྱི་མྱུར་ཚད་སྟེང་ནས་ཟླ་བའི་གོ་ལའི་ཕྱི་ངོས་སུ་སྐོར་ཞིབ་བྱས་ཤིང་། དུས་མཚུངས་སུ་ཟླ་བའི་གོ་ལའི་སྐམ་སར་འབབ་པའི་ཡོ་ཆས་དང་མཉམ་དུ་དུས་ཡུན་ཟླ་བ་གསུམ་གྱི་རྟོག་འཇལ་བྱེད་སྒོ་སྤེལ་ཏེ། གཙོ་བོར་ཟླ་བའི་གོ་ལའི་རྣམ་པ་དང་ས་གཤིས་གྲུབ་ཚུལ། སའི་གོ་ལའི་གྲེས་རྡུལ་མཚུངས་པའི་ཕུང་པོ་རིམ་པ། ཟླ་བའི་ངོས་ཀྱི་དངོས་པོའི་གྲུབ་ཆ། བེད་སྤྱོད་བྱས་ཆོག་པའི་ཐོན་ཁུངས་སོགས་ལ་རྟོག་འཇལ་བྱས།

ཐེངས་འདིའི་འགྲུལ་སྐྱོད་ནི་ཀྲུང་གོའི་དབྱིངས་སྐྱོད་ཁྲབ་ཁོངས་ཀྱི་ལག་རྩལ་རྙོག་འཛིང་ཆེ་ཤོས་དང་ལག་བསྟར་དཀའ་ཚད་ཆེ་ཤོས་ཀྱི་བར་སྣང་འགྲུལ་སྐྱོད་གྲས་ཤིག་ཡིན་པ་དང་། དེ་ཉིད་ལ་གྲུབ་འབྲས་ཐོབ་པས་ཀྲུང་གོའི་ཟླ་བའི་གོ་ལའི་སྟེང་དུ་འབབ་པ་དང་སྐོར་ཞིབ་རྟོག་འཇལ་ལག་རྩལ་རྒྱལ་སྤྱིའི་སྔོན་ཐོན་ཆུ་ཚད་དུ་སླེབས་པ་མཚོན་ཞིང་། འདི་ཡང་མིའི་རིགས་ཀྱིས་ལོ་ངོ37འགོར་རྗེས་ཡང་བསྐྱར་ཟླ་བའི་གོ་ལའི་ཕྱི་ངོས་སུ་རྟོག་འཇལ་ལས་དོན་སྤེལ་བ་ཡིན། ཨ་རི་དང་ཨུ་རུ་སུས་དམིགས་ཡུལ་འདི་ཉིད་འགྲུབ་པའི་ཆེད་དུ་འཕེན་གཏོང་ལས་འགན་ཐེངས20ལྷག་བརྒྱུད་སྦྱོང་སོང་། འོན་ཀྱང་ཀྲུང་གོས་ཚོད་ལྟ་ཐེངས་གསུམ་ལས་མ་བྱས་པས། འདི་ནི་དུས་རབས་ཧྲིལ་པོར་གོང་འཕེལ་བྱུང་བ་ཡིན་ནོ་ཞེས་བཤད་ཆོག་གོ །

མ་ལག་ལྡན་པའི་བཟོ་སྐྲུན་ཆེན་པོ་ཞིག་ཡིན་པའི་ཆ་ནས། ཟླ་དཔྱད་ལས་འགན་ནི་ཀྲུང་གོའི་ཚན་རྩལ་ཕྱོགས་བསྡུས་སྟོབས་ཤུགས་ཀྱི་ཕུན་སུམ་ཚོགས་པའི་མཚོན་ཚུལ་ཞིག་ཏུ་གྱུར་ཡོད། དུས་ཐོག་ཏུ་འཕེན་གཏོང་དང་གནད་ལ་འཁེལ་བའི་སྒོ་ནས་འཁོར་ལམ་དུ་ཞུགས་པ། གཏན་འཇགས་ངང་ཟླ་བའི་སྟེང་དུ་འབབ་པ་དང་གསར་གཏོད་ཀྱིས་འཚོལ་ཞིབ་བྱས་པས། ཁྲང་ཨོའུ་ཨང་རྟགས་གསུམ་པའི་གོམ་སྟབས་རེ་རེས་ཀྲུང་གོའི་དབྱིངས་སྐྱོད་ཀྱི་གོང་འཕེལ་གསར་པ་མཚོན་པ་ཡིན། ཁྲང་ཨོའུ་ཨང་རྟགས་གསུམ་པའི་ལས་འགན་གཞན་དག་ནང་དུ་ད་དུང་ཟླ་བའི་ངོས་ཀྱི་འཚོ་གནས་དང་། བར་སྣང་གི་ཚད་ལེན་ཚོད་འཛིན་འཕྲིན་གཏོང་དང་རྒྱང་འཛིན་སོགས་འགག་རྩའི་ལག་རྩལ་ལས་ཐོད་རྒལ་བྱས་ཏེ། ཀྲུང་གོས་ཟླ་བའི་གོ་ལར་ཐད་ཀར་རྟོག་འཇལ་ཐེངས་དང་པོར་མངོན་འགྱུར་བྱུང་ཡོད་དོ། །

# 11 嫦娥四号

## ཁྲང་ཨོའུ་ཡང་རྟགས་བཞི་པ།

2019年1月3日上午10点26分，我国自主研发的“嫦娥四号”探测器成功着陆月球背面啦！这也是自2013年嫦娥三号成功着陆月球正面后，中国探测器再度造访月球，并使我国因此而成为全球首个在月球正面与背面均完成探测器软着陆的国家。

嫦娥四号开创了若干个“首次”，比如，首次进行了超地月距离的激光测距试验；首次在月面开展了生物科普展示；首次开展了国际合作载荷搭载和联合探测；首次实现了月球背面软着陆与巡视探测；首次实现了月球背面着陆器和月球轨道微卫星的甚低频科学探测，并在运载火箭多窗口、窄宽度发射和入轨精度等方面达到了国际先进水平；首次实现了月球背面与地球的中继测控通信，并成功传回了全球首张近距离拍摄的月背影像图，揭开了古老月球背面的神秘面纱，在月球背面留下了中国探月的第一行足迹，开启了人类探索宇宙奥秘的新篇章。

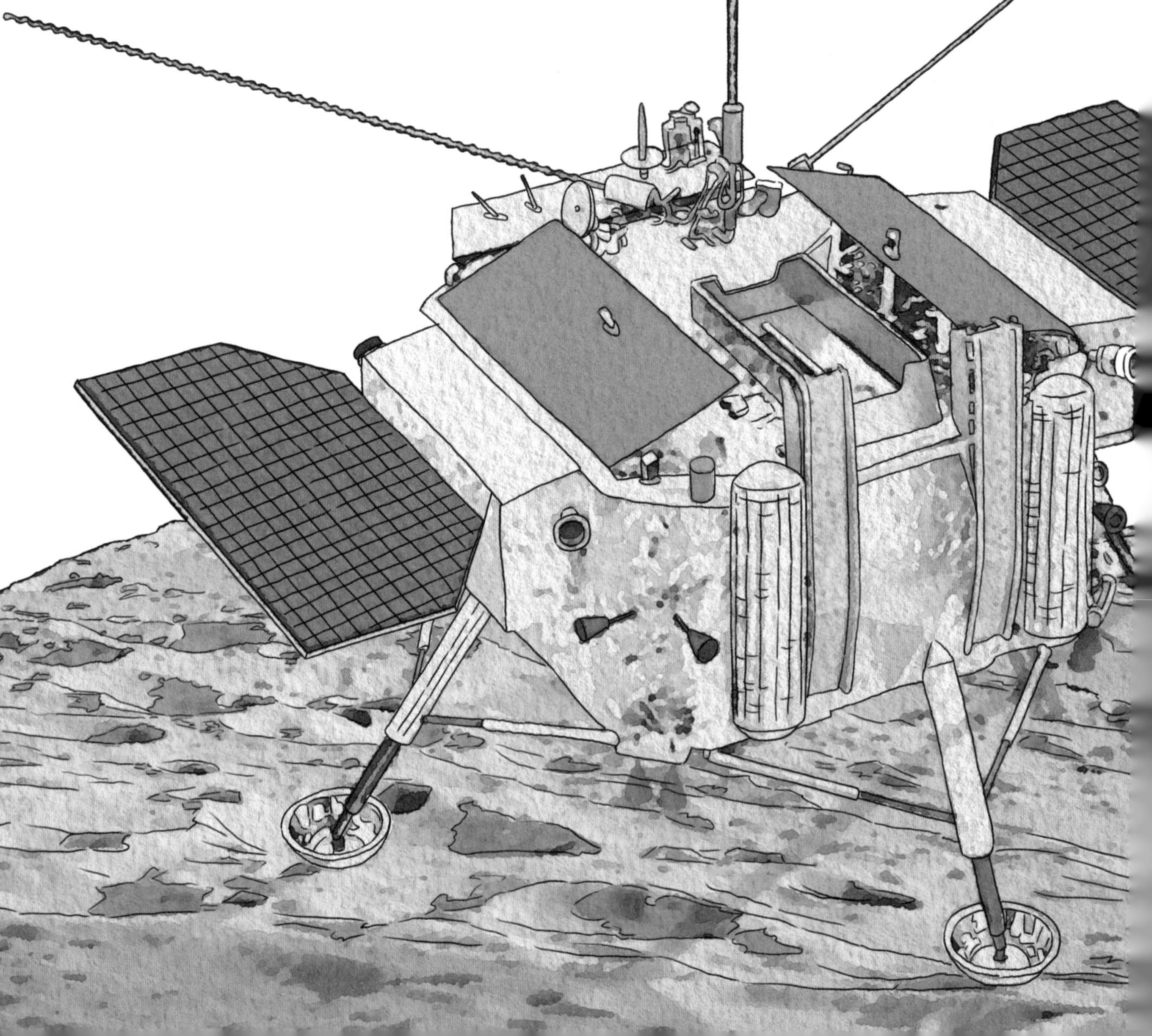

2019ལོའི་ཟླ1པའི་ཚེས3ཉིན་གྱི་སྔ་དྲོའི་ཆུ་ཚོད10དང་སྐར་མ26སྟེང་དུ། རང་རྒྱལ་གྱིས་རང་བདག་ཞིབ་བཟོ་བྱས་པའི"ཁྲང་ཨོ་4ཨང་རྟགས་བཞི་པ"རྩོག་འཛུལ་ཡོ་ཆས་ཟླ་བའི་གོ་ལའི་རྒྱབ་ངོས་སུ་བདེ་བླག་ངང་བབས་བྱུང་། དེ་ནི2013ལོར་ཁྲང་ཨོ་4ཨང་རྟགས་གསུམ་པར་ཟླ་བའི་གོ་ལའི་མདུན་ངོས་སུ་བདེ་བླག་ངང་བབས་རྗེས་ཀྱང་གོའི་རྩོག་འཛུལ་ཡོ་ཆས་ཀྱིས་སླར་ཡང་ཟླ་བའི་གོ་ལར་བཅར་བ་དང་། དུས་མཚུངས་སུ་རང་རྒྱལ་ནི་ཟླ་བའི་གོ་ལའི་མདུན་ངོས་དང་རྒྱབ་ངོས་སུ་རྩོག་འཛུལ་ཡོ་ཆས་འབབ་པར་ལེགས་གྲུབ་བྱུང་བའི་རྒྱལ་ཁབ་ཨང་དང་པོར་གྱུར་ཡོད།

ཁྲང་ཨོ་4ཨང་རྟགས་བཞི་པས"ཐེངས་དང་པོ"དུ་མ་ཞིག་གསར་སྐྲུན་བྱས་ཡོད་དེ། དཔེར་ན། ཐེངས་དང་པོར་སའི་གོ་ལ་དང་ཟླ་བའི་བར་ཐག་ལས་བརྒལ་བའི་སྐྱུལ་འོད་བར་ཐག་ཚོད་ལྟ་བྱས་པ་དང་། ཐེངས་དང་པོར་ཟླ་བའི་ངོས་སུ་སྐྱེ་དངོས་ཚན་རིག་ཁྲབ་གདལ་འགྲེམས་སྟོན་བྱས་པ། ཐེངས་དང་པོར་རྒྱལ་སྤྱིའི་མཉམ་ལས་ཐིག་ཚད་ཀླུགས་པ་དང་མཉམ་འབྲེལ་རྩོག་འཛུལ་བྱས་པ། ཐེངས་དང་པོར་ཟླ་བའི་གོ་ལའི་རྒྱབ་ངོས་སུ་འབབ་པ་དང་སྐོར་གཟིགས་རྩོག་འཛུལ་མངོན་འགྱུར་བྱུང་བ། ཐེངས་དང་པོར་ཟླ་བའི་གོ་ལའི་རྒྱབ་ངོས་ཀྱི་སྣམ་སར་འབབ་པའི་ཡོ་ཆས་དང་ཟླ་བའི་འཁོར་ལམ་གྱི་སྲུང་སྐར་ཚུང་གྲུས་ཀྱི་འགྱུལ་ཚད་དམའ་བའི་ཚན་རིག་རྩོག་འཛུལ་བྱས་པ་དང་། དུས་མཚུངས་སུ་སྐྱིལ་འདྲེན་མེ་ཤུགས་འཕུར་མདའི་སྐར་ཁྲུང་མང་པོ་དང་ཁ་ཞེང་དོག་ཚད་ཆུང་བའི་འཕེན་གཏོང་།
འཁོར་ལམ་དུ་ཞུགས་པའི་ཞིབ་ཚད་སོགས་ཀྱི་ཐད་ནས་རྒྱལ་སྤྱིའི་སྔོན་ཐོན་ཆུ་ཚད་དུ་སླེབས་ཡོད། ཐེངས་དང་པོར་ཟླ་བའི་གོ་ལའི་
རྒྱབ་ངོས་དང་སའི་གོ་ལའི་བར་མཐུད་ཚད་ལེན་ཆོད་འཛིན་འཕྲིན་གཏོང་མངོན་འགྱུར་བྱུང་བར་མ་ཟད། འཛམ་གླིང་རྡེའུ་པོའི་ཐག
ཉེ་ས་ནས་པར་བླངས་པའི་ཟླ་བའི་གོ་ལའི་རྒྱབ་ཀྱི་བརྙན་པར་རི་མོ་ཐོག་མ་འདི་བདེ་ བླག་ངང་བརྒྱུད་སྤྲོད་བྱས་
ཏེ། གནའ་བོའི་ཟླ་བའི་གོ་ལའི་རྒྱབ་ངོས་ཀྱི་སྙོམ་གྲུར་ཀྱི་མིང་རུས་ཕྱི་ནས་ཟླ་ བའི་གོ་ལའི་རྒྱབ་ངོས་སུ་ཀྱང་
གོའི་ཟླ་དཔྱད་ཀྱི་རྐང་རྗེས་དང་པོ་བཞག་སྟེ། མིའི་རིགས་ཀྱིས་འཛིག རྟེན་གྱི་གསང་བ་འཚོལ་ཞིབ་བྱེད་
པའི་ལེའུ་གསར་པ་ཞིག་བརྩམས་ཡོད་དོ། །

# 12 嫦娥五号

## ཁྲང་ཨོའུ་ཡང་རྟགས་ལྔ་པ།

话说，2020年12月17日凌晨1时59分，“嫦娥五号”带着珍贵的月壤成功返回地球啦！这可不简单哟！因为，作为我国复杂度最高、技术跨度最大的航天工程，嫦娥五号至少创造了五个“中国第一次”：

第一次带回了天外物体。从而可能搞清月球的成分，搞清月球上是否有水。

第一次从地外天体点火起飞，精准入轨，并顺利回家。从而为今后开通“月球班车”提供了可能性，没准儿今后你就能去月球上班了呢！

第一次实现了月球轨道的自动对接和样品转移。哇，今后来自所有天体的飞行器，也可以与太空舱对接啦。没准儿你就能邀请火星人回家了呢！

第一次携带月球样品以接近第二宇宙速度再次返回地球，这简直就是科学奇迹。

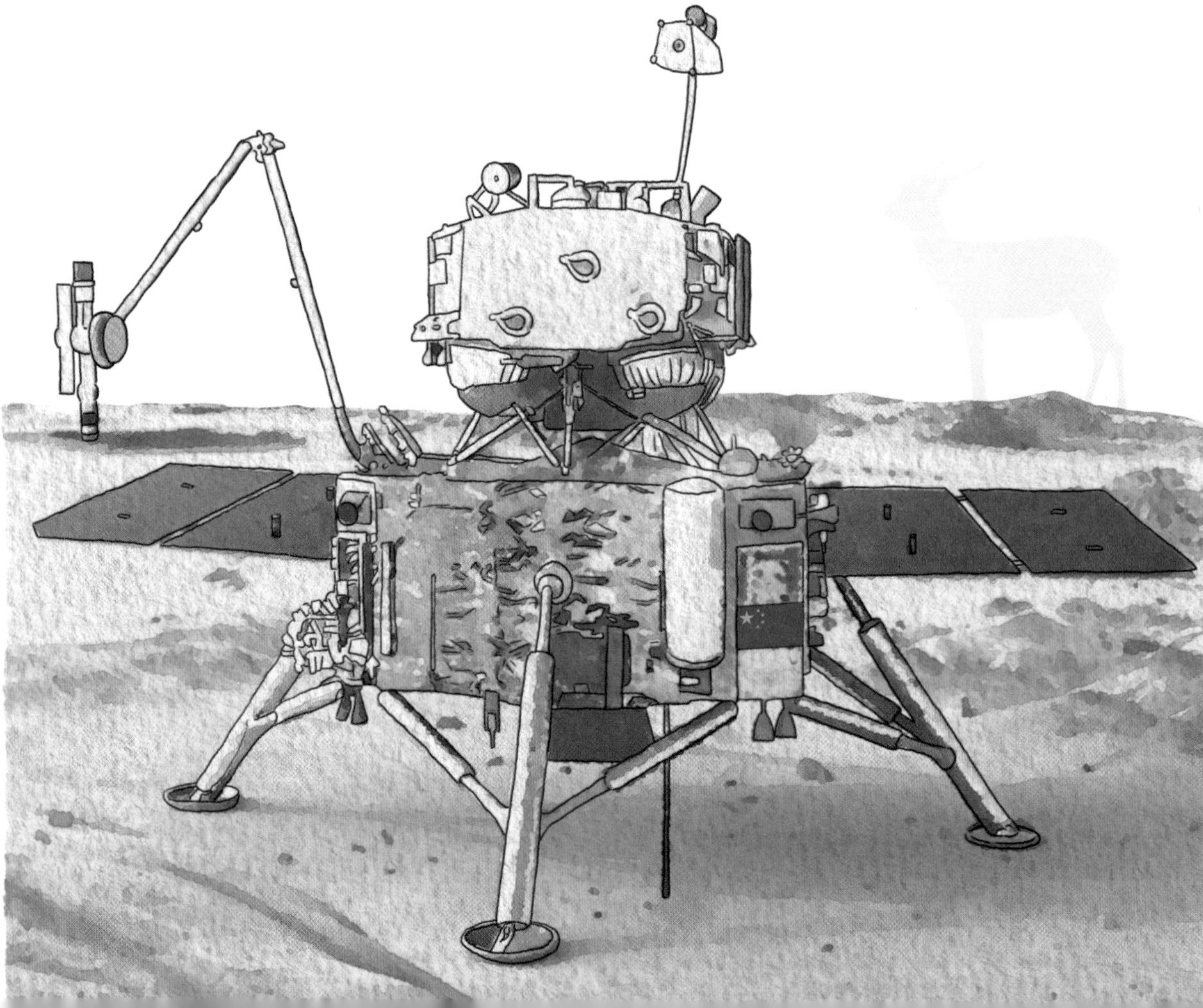

第一次建立了我国的月球样品存储、分析和研究系统。取回月壤只是起步，随后的分析工作还多着呢。同学，等你来探秘哟。

总之，这次成功是航天事业的里程碑，标志着我国具备了地月往返能力，为未来的太空探测奠定了基础，也为你的飞天梦创造了条件。

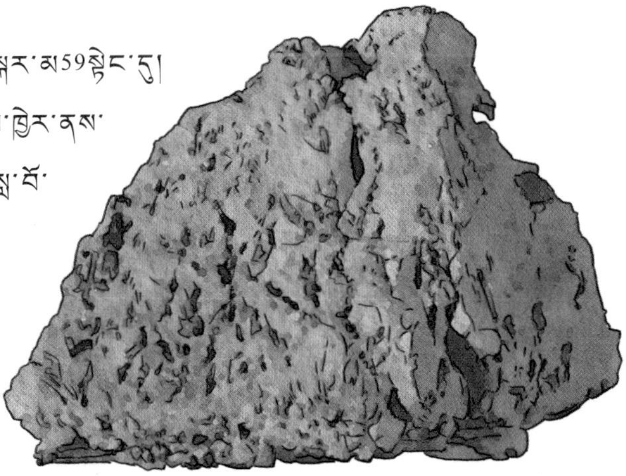

2020ལོའི་ཟླ12པའི་ཚེས17ཉིན་གྱི་དུས་ཚོད1དང་སྐར་མ59སྐབས་སུ། "ཁྲང་ཨོ5"ཨང་རྟགས་ལྡེ་པ"ཡིས་རྣ་ཆེའི་ཟླ་བའི་ས་གཞིས་ཁྱེར་ནས་སའི་གོ་ལར་བདེ་ཐག་དང་ཕྱིར་ལོག་བྱུང་། དེ་ནི་ལས་སླ་པོ་ཞིག་མིན་ལ། གང་ལགས་ཤེ་ན། རང་རྒྱལ་གྱི་རྟོག་འཛིང་ཆེ་ཚད་མཐོ་ཤོས་དང་ལག་རྩལ་བར་བརྒལ་ཆེ་ཤོས་ཀྱི་དབྱིངས་སྐྱོད་བཟོ་སྐྲུན་ཞིག་ཡིན་པའི་ཁྲང་ཨོ5ཨང་རྟགས་ལྡེ་པས་ཉུང་མཐར་ཡང"ཀུང་གོའི་ཐེངས་དང་པོ"ལྡེ་བསྐྲུན་ཡོད་དེ།

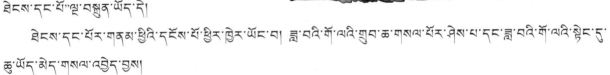

ཐེངས་དང་པོར་གནམ་ཕྱིའི་དངོས་པོ་ཕྱིར་ཁྱེར་ཡོང་བ། ཟླ་བའི་གོ་ལའི་གྲུབ་ཆ་གསལ་པོར་ཤེས་པ་དང་ཟླ་བའི་གོ་ལའི་སྟེང་དུ་ཆུ་ཡོད་མེད་གསལ་འབྱེད་བྱས།

ཐེངས་དང་པོར་ཕྱིའི་སྐར་མའི་གོ་ལ་ནས་འཕུར་ཏེ་གནད་འཁེལ་གྱིས་འཁོར་ལམ་དུ་ཞུགས་པར་མ་ཟད་བདེ་ཐག་དང་ཕྱིར་ལོག་པ། དེ་ནི་མ་འོངས་པར"ཟླ་བའི་གོ་ལའི་སྤྱི་སྤྱོད་ཐངས་འཁོར"ཤར་གཏོང་བྱ་རྒྱུ་དང་། མ་འོངས་པར་ཁྱེད་རང་ཡང་ཟླ་བའི་གོ་ལའི་སྟེང་དུ་ལས་ཞུགས་སུ་འགྲོ་ཡང་སྲིད།

ཐེངས་དང་པོར་ཟླ་བའི་གོ་ལའི་འཁོར་ལམ་གྱི་རང་འགུལ་སྦྲེལ་མཐུད་དང་དངོས་དཔེ་སྤོ་སྒྱུར་མངོན་འགྱུར་བྱུང་། དེ་བས་རྗེས་ཕྱོགས་སྐར་མའི་གོ་ལ་ཡོངས་ནས་ཡོང་བའི་འཕུར་སྐྱོད་འཕྲུལ་ཆས་ཀྱང་བར་སྣང་གྲུ་གཟིངས་དང་སྦྲེལ་མཐུད་བྱེད་ཐུབ་ཅིང་། ཁྱེད་ཀྱིས་སྐར་མ་མིག་དམར་གྱི་མི་གདན་འདྲེན་བྱས་ནས་མགྱོན་བསུ་བྱེད་ཀྱང་སྲིད།

ཐེངས་དང་པོར་ཟླ་བའི་གོ་ལའི་མ་དཔེ་ཁྱེར་ནས་འཛིག་རྟེན་གཉིས་པའི་མྱུར་ཚད་ལ་ཉེ་བའི་སྒོ་ནས་ཡང་བསྐྱར་སའི་གོ་ལར་ཕྱིར་ལོག་པ། དེ་ནི་ཚན་རིག་གི་ངོ་མཚར་ཞིག་ཡིན།

ཐེངས་དང་པོར་རང་རྒྱལ་གྱི་ཟླ་བའི་གོ་ལའི་མ་དཔེ་གསོག་འཇོག་དང་དབྱེ་ཞིབ། ཞིབ་འཇུག་བཅས་ཀྱི་མ་ལག་བཙུགས། ཟླ་བའི་སྟེང་གི་ས་སྨག་ཕྱིར་ཁྱེར་འོང་བ་ནི་མགོ་བརྩམས་པ་ཙམ་ཡིན་ལ། དེའི་རྗེས་ཀྱི་དབྱེ་ཞིབ་བྱ་བ་ད་དུང་མང་པོ་ཡོད་པས། སློབ་གྲོགས་ལགས། ཁྱོད་ཀྱིས་ཨུ་མཐུད་དུ་གསང་བ་འཚོལ་དགོས་པ་ཡིན།

མདོར་ན། ཐེངས་འདིའི་གྲུབ་འབྲས་ནི་དབྱིངས་སྐྱོད་ལས་དོན་གྱི་མཚོན་རྟགས་རྡོ་རིང་ལྟ་བུ་ཡིན་ཞིང་། དེས་རང་རྒྱལ་སའི་གོ་ལ་དང་ཟླ་བའི་གོ་ལའི་འགྲོ་འོང་གི་ནུས་པ་ལྡན་པ་མངོན་པར་མཚོན་པ་དང་། མ་འོངས་པའི་བར་སྣང་རྟོག་འཇལ་ལ་རྨང་གཞི་བཏིངས་ཡོད་ལ། ཁྱེད་ཀྱི་མཁའ་སྐྱོད་སྨུགས་འདུན་ལ་འཁང་ཆ་རྐྱེན་བསྐྲུན་ཡོད།

# 13 月幔的成分
# ཟླ་ཡོལ་གྱི་གྲུབ་ཆ།

据2019年5月16日的《自然》杂志报道，中国科学家根据嫦娥四号发回的探测数据证明，月球背面确实存在以橄榄石为主的深层物质，这就为解答长期困扰人类的有关月幔成分的问题提供了直接证据，将为完善月球形成与演化模型提供强有力支撑。

原来有关月球早期演化的理论认为，月壳是由岩浆洋中较轻的物质上浮结晶而成的，而橄榄石等较重的矿物就下沉形成了月幔。但该推论却一直无法证实。这是因为，无论是在当年美苏探月行动中所带回的月壤里，还是在最有可能撞穿月壳的月球背面，都从未发现过与月幔成分有关的直接证据。

幸好，这次嫦娥四号按计划为月球起源演化的研究提供了最直接的数据，因为，探月器“玉兔二号”成功获取了指定位置的高质量光谱数据。通过分析这些光谱数据，并与月球正面的相关光谱数据比较后，科学家们终于找到了低钙辉石的光谱特征，这也意味着确实存在大量的橄榄石。这既证实了月幔理论的正确性，又加深了人类对月球形成与演化的认识。

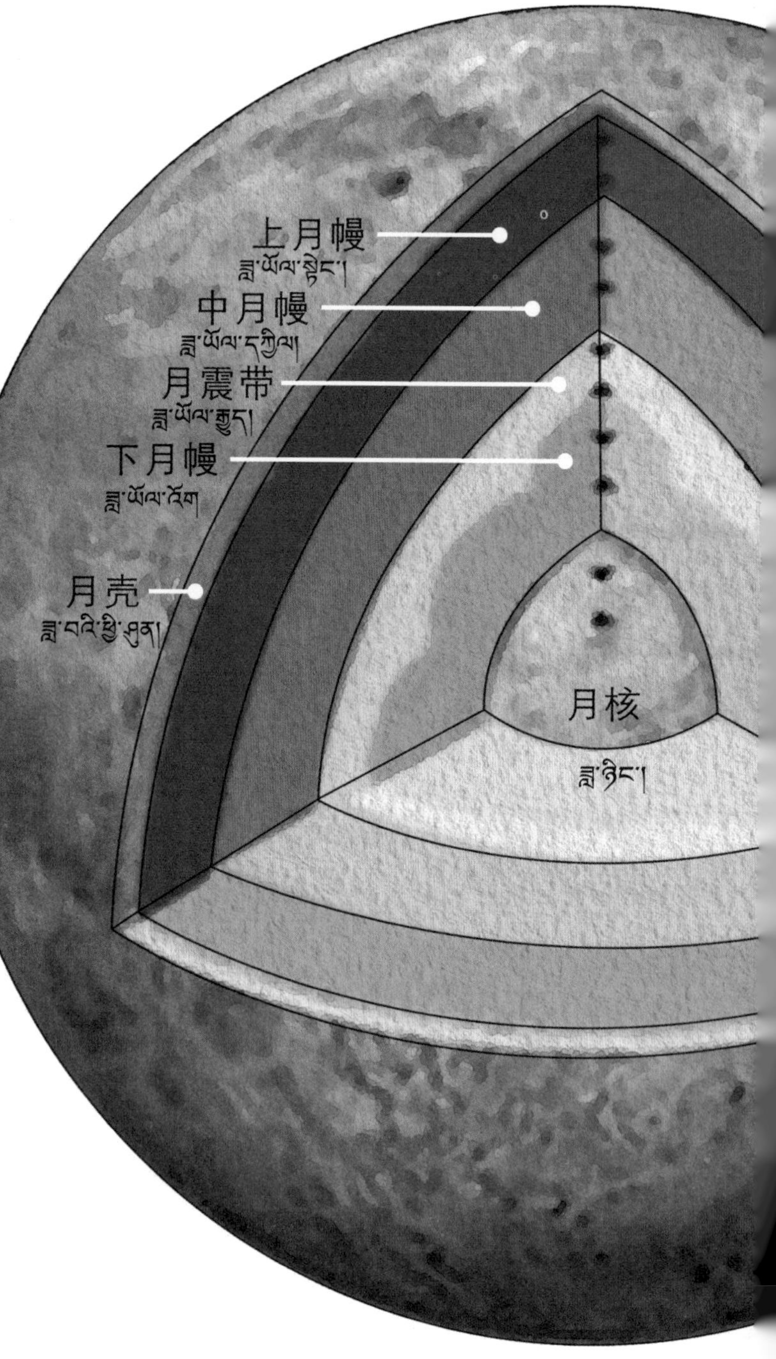

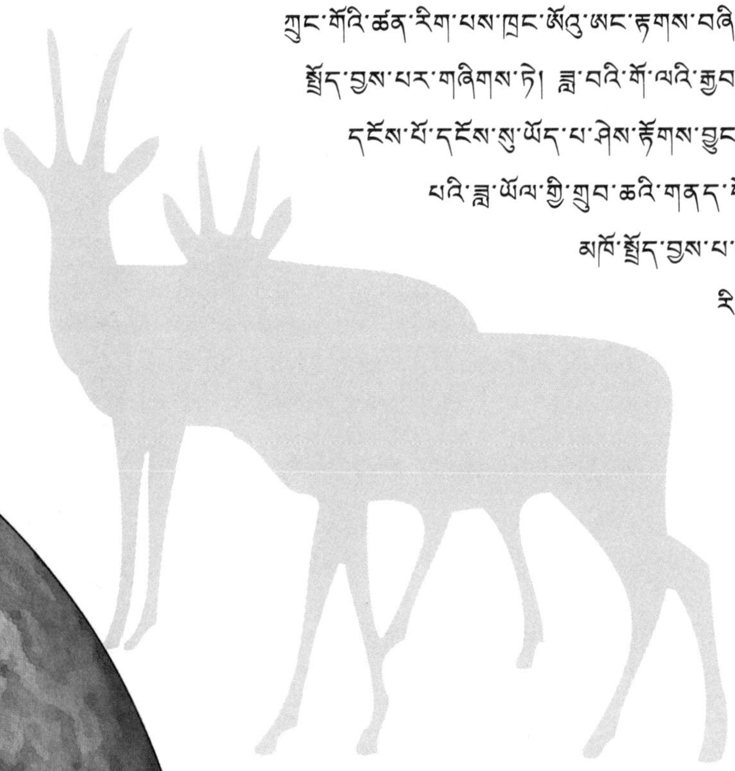

2019ལོའི་ཟླ5པའི་ཚེས16ཉིན་གྱི《རང་བྱུང》དུས་དེབ་སྟེང་དུ་སྤེལ་བའི་གནས་ཚུལ་ལྟར་ན། ཀྲུང་གོའི་ཚན་རིག་པས་ཁྲང་ཨོའུ་ཨང་རྟགས་བཞི་པས་ཕྱིར་སྤྱོད་པའི་རྟོག་འཇལ་གྲངས་གཞི་ལས་ར་སྤྲོད་བྱས་པར་གཞིགས་ཏེ། ཟླ་བའི་གོ་ལའི་རྒྱབ་ངོས་སུ་སྐྱ་རྡུའི་རྡོ་གཙོ་བོར་བྱས་པའི་གཏིང་རིམ་དངོས་པོ་དངོས་སུ་ཡོད་པ་ཤེས་རྟོགས་བྱུང་། དེས་མིའི་རིགས་ལ་ཡུན་རིང་དཀའ་ངལ་བཟོས་པའི་ཟླ་ཡོལ་གྱི་གྲུབ་ཆའི་གནད་དོན་ལ་ལན་འདེབས་པའི་ཐད་ཀའི་དཔང་རྟགས་མཁོ་སྤྲོད་བྱས་པ་དང་། ཟླ་བའི་གོ་ལ་ཆགས་ཚུལ་དང་དཔེ་དབྱིབས་རིམ་འགྱུར་འཕྲུས་ཚང་དུ་གཏོང་བར་འདེགས་སྐྱོར་ནུས་པ་ལྡན་ནོ། །

མ་གཞིར་ཟླ་བའི་གོ་ལའི་སྔ་དུས་ཀྱི་རིམ་འགྱུར་སྐོར་གྱི་གཞུང་ལུགས་ལྟར་ན། ཟླ་བའི་ཕྱི་ཤུན་ནི་རྡོ་ཞུན་རྒྱ་མཚོའི་ནང་གི་ཙུང་ཡང་བའི་དངོས་པོའི་སྟེང་གི་གཡེང་འགྱུར་ལས་གྲུབ་པ་ཞིག་ཡིན་ཞིང་། སྐྱ་རྡུའི་རྡོ་སོགས་ཙུང་ལྗི་བའི་གཏེར་རྫས་མར་ནུབ་པས་ཟླ་བའི་ཡོལ་བ་གྲུབ་པ་ཡིན། འོན་ཀྱང་རིགས་པས་དཔྱད་དཔོག་འདི་ཉིད་ར་སྤྲོད་བྱེད་མ་ཐུབ་པར་ལུས། རྒྱུ་མཚན་ནི་སྐབས་དེའི་ཨ་རི་དང་སུའུ་ལེན་གྱི་ཟླ་དཔྱད་འགུལ་སྐྱོད་ཁྲོད་དུ་ཕྱིར་ཁྱེར་ཡོང་བའི་ཟླ་བའི་ས་རྒྱུའི་ནང་ཡིན་ནའང་འདྲ། ཡང་ན་ཟླ་བའི་ཕྱི་ཤུན་བརྟོལ་སྲིད་པའི་ཟླ་བའི་གོ་ལའི་རྒྱབ་ངོས་ཡིན་ནའང་འདྲ། ཟླ་ཡོལ་གྱི་གྲུབ་ཆ་དང་འབྲེལ་བ་ཡོད་པའི་ཐད་ཀའི་དཔང་རྟགས་གཏན་ནས་རྙེད་མ་མྱོང་།

སྐབས་ལེགས་པ་ཞིག་ལ། ཐེངས་འདིའི་ཁྲང་ཨོའུ་ཨང་རྟགས་བཞི་པས་སྟར་བཀོད་ཀྱི་འཆར་གཞི་ལྟར་དུ། ཟླ་བའི་གོ་ལའི་འབྱུང་ཁུངས་ཀྱི་རིམ་འགྱུར་ཞིབ་འཇུག་ལ་ཆེས་ཐད་ཀའི་གྲངས་གཞི་མཁོ་འདོན་བྱས། རྒྱུ་མཚན་ནི་ཟླ་བའི་རྟོག་འཇལ་ཡོ་ཆས“ཡུའུ་ཐོ་ཨང་རྟགས་གཉིས་པ”ཡིས་དམིགས་འཛུགས་གནས་ཡུལ་གྱི་སྤུས་མཐོའི་འོད་ཤལ་གྲངས་གཞི་བདེ་བླག་ངང་ཁྱེར་ཡོང་བས་ཡིན། འོད་ཤལ་གཞི་གྲངས་འདི་དག་ལ་དབྱེ་ཞིབ་བྱས་པ་དང་། ཟླ་བའི་གོ་ལའི་མདུན་ངོས་ཀྱི་འབྲེལ་ཡོད་འོད་ཤལ་གཞི་གྲངས་དང་བསྡུར་བས། ཚན་རིག་པ་རྣམས་ཀྱིས་མཇུག་མཐར་ཀལ་དམའ་བའི་འོད་རྡོའི་འོད་ཤལ་ཁྱད་ཆོས་རྙེད་པ་དང་། དེས་ཀྱང་སྐྱ་རྡུའི་རྡོ་མང་པོ་ཡོད་པ་མངོན་པར་མཚོན་ནོ། །དེ་བས་ཟླ་ཡོལ་གཞུང་ལུགས་ཀྱི་ཡང་དག་རང་བཞིན་ར་སྤྲོད་བྱས་ཡོད་ལ། མིའི་རིགས་ཀྱིས་ཟླ་བའི་གོ་ལ་གྲུབ་པ་དང་རིམ་འགྱུར་གྱི་ངོས་འཛིན་ཡང་གཏིང་ཟབ་ཏུ་ཕྱིན་ཡོད་དོ། །

# 14 中国载人航天工程
## ཀྲུང་གོའི་མི་བཞུགས་དབྱིངས་སྐྱོད་བཟོ་སྐྲུན།

中国载人航天工程，由航天员系统、空间应用系统、载人飞船系统、运载火箭系统、发射场系统、测控通信系统、着陆场系统、空间实验室系统等八大系统组成。它是中国空间科学实验的重大战略工程之一，于1992年正式立项。它将按“三步走”战略按序实施。

第一步，发射载人飞船，建成初步配套的试验性载人飞船工程，开展空间应用实验。

第二步，在第一艘载人飞船发射成功后，突破载人飞船和空间飞行器的交会对接技术，并利用载人飞船技术改装、发射一个空间实验室，解决有一定规模的、短期有人照料的空间应用问题。

第三步，建造载人空间站，解决有较大规模且长期有人照料的空间应用问题。

如今，该工程进展顺利，已完成第一步和第二步并正在实施第三步。

中国为什么要来实施载人航天工程呢？概括说来，主要有如下四个方面的考虑：一是维护国家安全利益的需要，二是巩固、提升大国地位的需要，三是推动社会经济发展的需要，四是促进人类文明进步的需要。

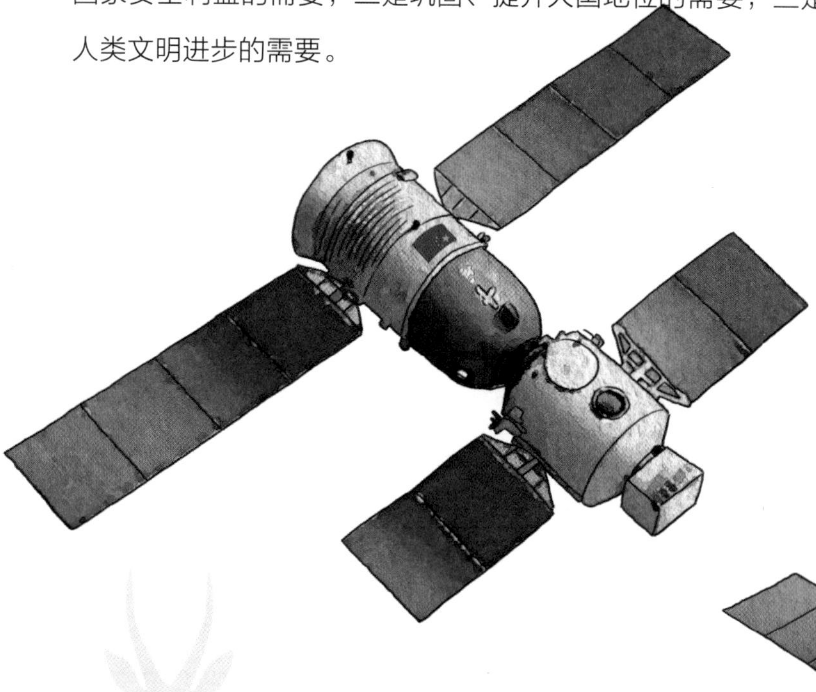

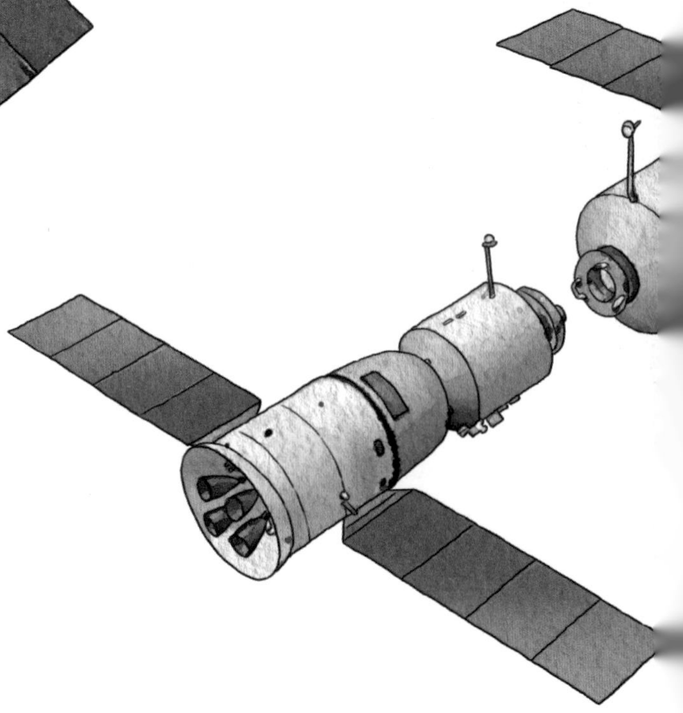

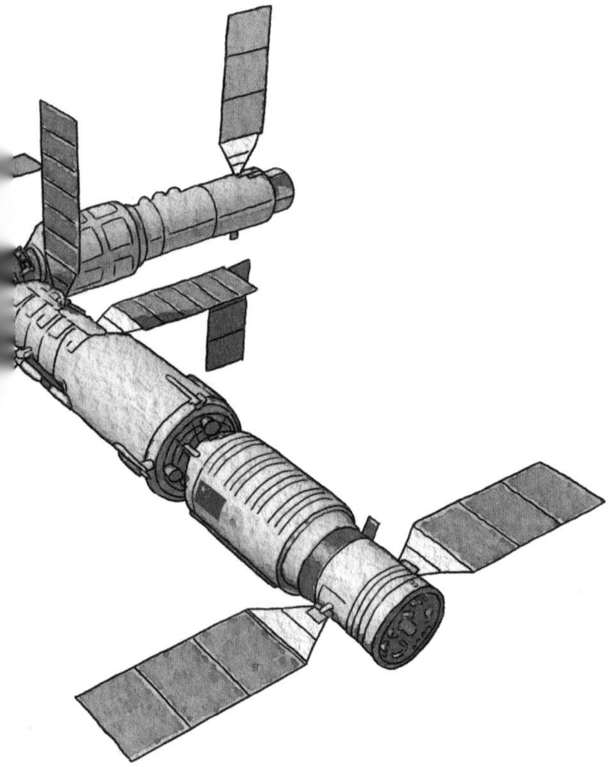



ཀྲུང་གོའི་མི་བཞུགས་དབྱིངས་སྐྱོད་བཟོ་སྐྲུན་ནི་དབྱིངས་སྐྱོད་པའི་མ་ལག་དང་བར་སྣང་བཀོལ་སྤྱོད་མ་ལག མི་བཞུགས་འཕུར་གྲུའི་མ་ལག སྐྱེལ་འདྲེན་མེ་ཤུགས་འཕུར་མདའི་མ་ལག འཕེན་གཏོང་ར་བའི་མ་ལག ཚད་ལེན་ཚོད་འཛིན་འཁྲིན་སྐྱེལ་མ་ལག ས་ཐོག་འབབ་སའི་མ་ལག བར་སྣང་ཚོད་ལྟ་ཁང་གི་མ་ལག་སོགས་མ་ལག་ཆེན་པོ་བརྒྱད་ལས་གྲུབ་པ་ཞིག་ཡིན། དེ་ནི་ཀྲུང་གོའི་བར་སྣང་ཚན་རིག་ཚོད་ལྟའི་འཐབ་ཇུས་བཟོ་སྐྲུན་གལ་ཆེན་གྱི་གྲས་ཤིག་ཡིན་པ་དང་། 1992ལོར་དངོས་སུ་ལས་གཞིར་བཀོད་དེ“གོམ་སྟབས་གསུམ”གྱི་འཐབ་ཇུས་གོ་རིམ་ལྟར་ལག་བསྟར་བྱེད་པ་ཡིན།

གོམ་པ་དང་པོ་ནི། མི་བཞུགས་འཕུར་གྲུ་འཕེན་གཏོང་བྱས་ཏེ། ཐོག་མའི་ཆ་བསྒྲིགས་ཀྱི་ཚོད་ལྟའི་རང་བཞིན་གྱི་མི་བཞུགས་འཕུར་གྲུའི་བཟོ་སྐྲུན་འཛུགས་སྐྲུན་བྱེད་པ་དང་། བར་སྣང་བཀོལ་སྤྱོད་ཚོད་ལྟ་བྱ་དགོས།

གོམ་པ་གཉིས་པ་ནི། མི་བཞུགས་འཕུར་གྲུ་དང་པོ་འཕེན་གཏོང་ལེགས་གྲུབ་བྱུང་རྗེས། མི་བཞུགས་འཕུར་གྲུ་དང་བར་སྣང་འཕུར་སྐྱོད་འཕྲུལ་ཆས་ཀྱི་སྟོལ་འདུ་སྒྲིལ་མཐུད་ལག་རྩལ་ལས་བརྒལ་བར་མ་ཟད། མི་བཞུགས་འཕུར་གྲུའི་ལག་རྩལ་སྤྱད་དེ་བར་སྣང་ཚོད་ལྟ་ཁང་ཞིག་བཙོས་སྒྲིག་དང་འཕེན་གཏོང་བྱས་ཏེ། གཞི་ཁྲོན་ངེས་ཅན་ལྡན་པ་དང་དུས་ཐུང་ལྟ་སྐྱོང་བྱེད་མཁན་ཡོད་པའི་བར་སྟོང་བཀོལ་སྤྱོད་གནད་དོན་ཐག་གཅོད་བྱ་དགོས།

གོམ་པ་གསུམ་པ་ནི། མི་བཞུགས་བར་སྣང་ས་ཚིགས་བསྐྲུན་ནས་གཞི་ཁྲོན་ཅུང་ཆེ་ལ་ཡུན་རིང་བདག་སྐྱོང་བྱེད་མཁན་ཡོད་པའི་བར་སྟོང་བཀོལ་སྤྱོད་ཀྱི་གནད་དོན་ཐག་གཅོད་བྱ་དགོས།

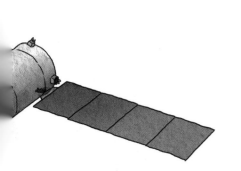

མིག་སྔར་བཟོ་སྐྲུན་འདིའི་འཕེལ་རིམ་བདེ་བླག་ངང་གོམ་པ་དང་པོ་དང་གཉིས་པ་ལེགས་གྲུབ་ཟིན་པ་དང་། དུས་མཚུངས་སུ་གོམ་པ་གསུམ་པ་ལག་བསྟར་བྱེད་བཞིན་ཡོད།

ཀྲུང་གོས་མི་བཞུགས་དབྱིངས་སྐྱོད་བཟོ་སྐྲུན་ལག་བསྟར་བྱེད་དགོས་དོན་ཅི་ཡིན་ནམ་ཞེ་ན། མདོར་བསྡུས་ནས་བཤད་ན། གཙོ་བོར་གཤམ་གསལ་ཕྱོགས་བཞིའི་ཐད་ཀྱི་བསམ་ཚུལ་ཡོད་དེ། གཅིག་ནི་རྒྱལ་ཁབ་ཀྱི་བདེ་འཇགས་ཁེ་ཕན་སྲུང་སྐྱོང་བྱེད་པའི་དགོས་མཁོ་དང་། གཉིས་ནི་རྒྱལ་ཁབ་ཆེན་པོའི་གོ་གནས་སྲ་བརྟན་དང་མཐོར་འདེགས་གཏོང་བའི་དགོས་མཁོ། གསུམ་ནི་སྤྱི་ཚོགས་དང་དཔལ་འབྱོར་འཕེལ་རྒྱས་ལ་སྐུལ་འདེད་གཏོང་བའི་དགོས་མཁོ། བཞི་ནི་མིའི་རིགས་ཀྱི་ཤེས་དཔལ་ཡར་ཐོན་ཡོང་བར་སྐུལ་འདེད་གཏོང་བའི་དགོས་མཁོ་བཅས་སོ། །

# 15 神舟一号
# ཧྲིན་ཀྲིག་ཡང་རྟགས་དང་པོ།

“神舟一号”是中国载人航天工程发射的第一艘飞船，准确地说，是第一艘无人试验飞船。它于1999年11月20日发射升空，在太空飞行了21个小时后顺利降落。这标志着中国航天事业迈出了重要一步，对突破载人航天技术具有重要意义，也是中国航天史上的里程碑。自此以后，中国将成为继美、俄之后世界上第三个拥有载人航天技术的国家。

神舟一号飞船包括三个舱，即轨道舱、返回舱、推进舱。轨道舱，是今后航天员生活和工作的地方；返回舱，是飞船的指挥控制中心，也是航天员往返太空的座驾；推进舱，也称动力舱，它为飞船在轨飞行和返回提供能源和动力。飞船三舱总长8米、圆柱段直径2.5米、锥段最大直径2.8米、总质量为7755公斤，返回舱采用普通圆伞和着陆缓冲发动机实施软着陆，主伞面积1200平方米，着陆秒速不大于3.5米。神舟一号飞船座舱内放置有一个高约1.7米的男性模拟人，它其实是一个感应器，用于收集返回舱在太空中的温度、湿度、氧气等各种试验数据。

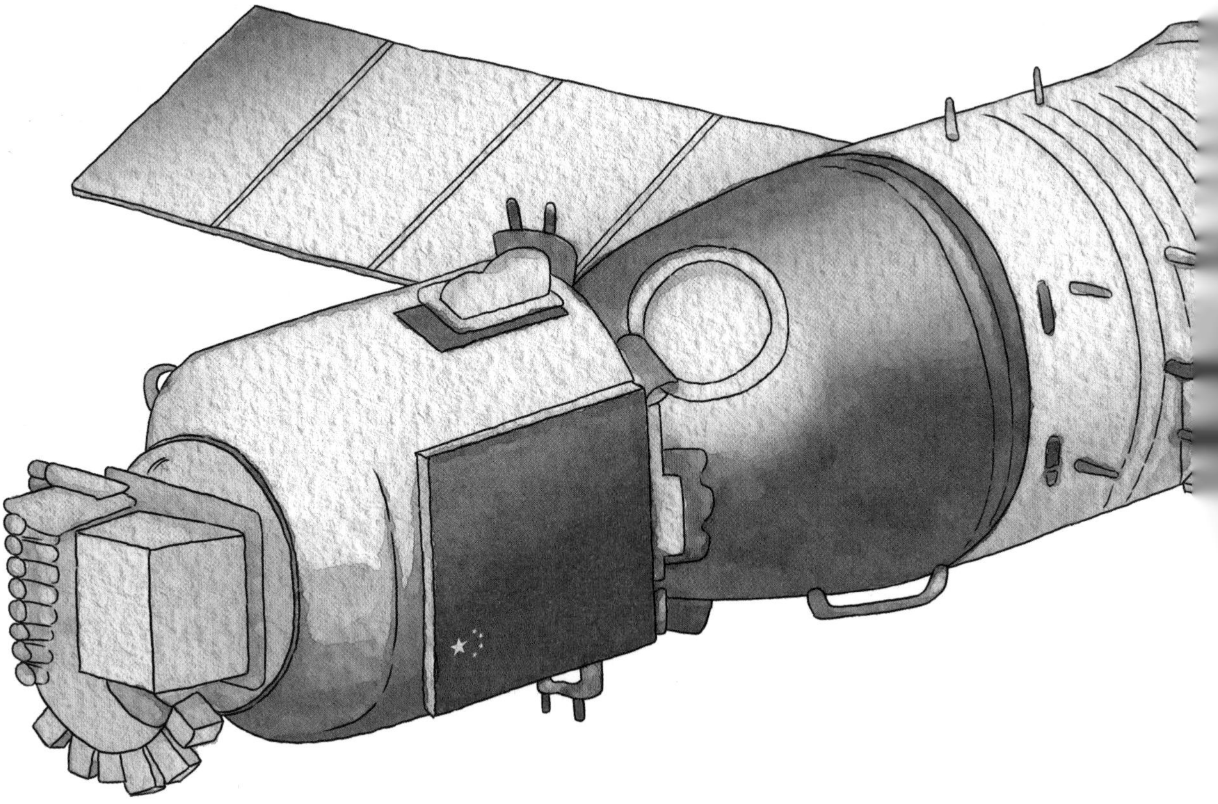

“ཧྲིན་ཀྲིག་ཨང་རྟགས་དང་པོ”ནི་ཀྲུང་གོའི་མི་བཞུགས་དབྱིངས་སྐྱོད་བཟོ་སྐྲུན་གྱིས་འཕེན་གཏོང་བྱེད་པའི་འཕུར་གྲུ་དང་པོ་ཡིན་ལ། ཡང་དག་པའི་སྒོ་ནས་བཤད་ན། མི་མེད་ཚོད་ལྟའི་འཕུར་གྲུ་ཐོག་མ་ཡིན། དེ་ཉིད1999ལོའི་ཟླ11པའི་ཚེས20ཉིན་མཁའ་དབྱིངས་སུ་བསྐྱོད་དེ་ཆུ་ཚོད21འཕུར་སྐྱོད་བྱས་རྗེས་བདེ་བླག་ངང་མར་བབས་པས། ཀྲུང་གོའི་དབྱིངས་སྐྱོད་བྱ་གཞག་ཐད་ནས་གོམ་སྟབས་གལ་ཆེན་ཞིག་སྤོས་པ་མཚོན་ཞིང་། མི་བཞུགས་དབྱིངས་སྐྱོད་ལག་རྩལ་ཐད་ནས་ཐོད་རྒལ་ཡོང་བར་དོན་སྙིང་གལ་ཆེན་ལྡན་ཡོད་ལ། ཀྲུང་གོའི་དབྱིངས་སྐྱོད་ལོ་རྒྱུས་སྟེང་གི་མཚོན་རྟགས་རྗེ་རིང་ཞིག་ཀྱང་ཡིན་ནོ། །དུས་དེ་ནས་བཟུང་། ཀྲུང་གོ་ནི་ཨ་རི་དང་ཨུ་རུ་སུའི་རྗེས་ཀྱི་འཛམ་གླིང་སྟེང་གི་མི་བཞུགས་དབྱིངས་སྐྱོད་ལག་རྩལ་ལྡན་པའི་རྒྱལ་ཁབ་ཨང་གསུམ་པར་གྱུར་པ་ཡིན།

ཧྲིན་ཀྲིག་ཨང་རྟགས་དང་པོའི་འཕུར་གྲུའི་ཁོངས་སུ་གྲུ་ཤག་གསུམ་ཡོད་དེ། འཁོར་ལམ་གྲུ་ཤག་དང་ཕྱིར་ལོག་གྲུ་ཤག སྒྲུལ་འདེད་གྲུ་ཤག་བཅས་ཡིན། འཁོར་ལམ་གྲུ་ཤག་ནི་རྗེས་སོར་དབྱིངས་སྐྱོད་པའི་འཚོ་བ་དང་ལས་སྒྲུབ་བྱེད་ས་ཡིན། ཕྱིར་ལོག་གྲུ་ཤག་ནི་འཕུར་གྲུའི་བཀོད་འདོམས་ཚོད་འཛིན་ལྟེ་གནས་ཡིན་ལ། དབྱིངས་སྐྱོད་པ་བར་སྣང་དུ་འགྲོ་འོང་བྱེད་པའི་ཐེབ་འཁོར་ཡང་ཡིན། སྒྲུལ་འདེད་གྲུ་ཤག་ལ་སྒྲུལ་ཤུགས་ཀྱི་ཁང་ཡང་ཟེར་ཞིང་། དེས་འཕུར་གྲུ་འཁོར་ལམ་སྟེང་དུ་འཕུར་སྐྱོད་དང་ཕྱིར་ལོག་བྱེད་པར་ནུས་རྒྱུ་དང་སྒྲུལ་ཤུགས་མཁོ་འདོན་བྱེད་པ་ཡིན། འཕུར་གྲུའི་གྲུ་ཤག་གསུམ་པོའི་སྤྱིའི་རིང་ཚད་ལ་སྨི8དང་ཀ་ཟླུམ་དུམ་བུའི་ཚངས་ཐིག་ལ་སྨི2.5ཡོད། འབིག་དུམ་གྱི་ཚངས་ཐིག་ཆེ་ཤོས་ལ་སྨི2.8དང་སྤྱིའི་ཕྱུས་ཚད་སྤྱི་རྒྱ7755བཅས་ཡོད་པ་དང་། ཕྱིར་ལོག་གྲུ་ཤག་ལ་ཕྱིར་བཏང་གི་སྒོར་གདུགས་དང་སྐམ་སར་འབབ་པའི་ལྡོད་གཏོང་སྒྲུལ་བྱེད་འཕྲུལ་འཁོར་སྤྲད་དེ་འབབ་པ་ཡིན། གདུགས་གཙོ་བོའི་རྒྱ་ཁྱོན་ལ་སྨི་ངོས་གྲུ1200ཡོད་པ། སྐམ་སར་འབབ་པའི་མྱུར་ཚད་སྨི3.5ལས་མི་བརྒལ་བ་ཡིན། ཧྲིན་ཀྲིག་ཨང་རྟགས་དང་པོའི་འཕུར་གྲུའི་འདུག་ཤག་ཏུ་མཐོ་ཚད་ལ་སྨི1.7ཙམ་ཡོད་པའི་འདྲ་བཟོས་སྐྱེས་པ་ཞིག་བཞག་ཡོད། དེ་ཉིད་དོན་དངོས་སུ་ལྟོས་འབྱུང་འཕྲུལ་ཆས་ཤིག་ཡིན་ལ། ཕྱིར་ལོག་གྲུ་ཤག་གི་བར་སྣང་གི་དྲོད་ཚད་དང་བརླན་ཚད། དབྱང་རླུང་སོགས་ཚོད་ལྟའི་གཞི་གྲངས་སྣ་ཚོགས་སྡུད་ཉར་བྱེད་པར་བཀོལ་བ་ཡིན་ནོ། །

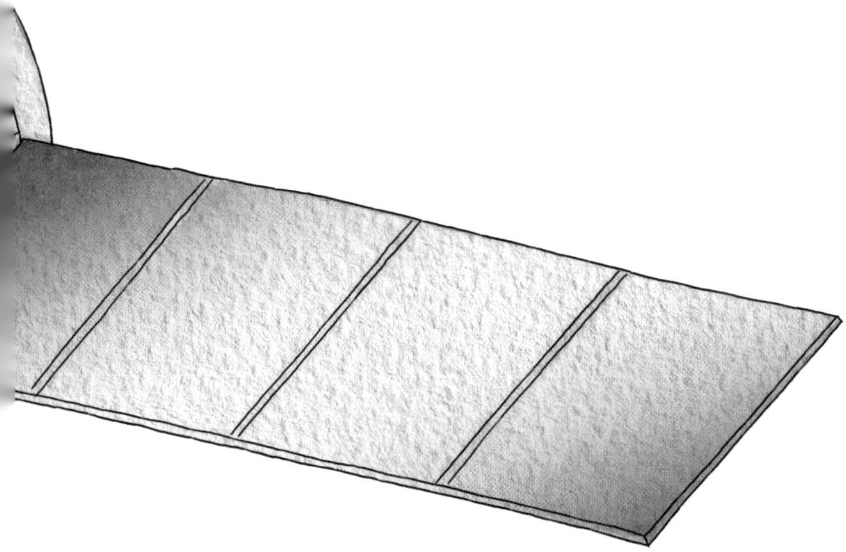

# 16 神舟二号

## ཧྲིན་ཀྲིག་ཡང་རྟགས་གཉིས་པ།

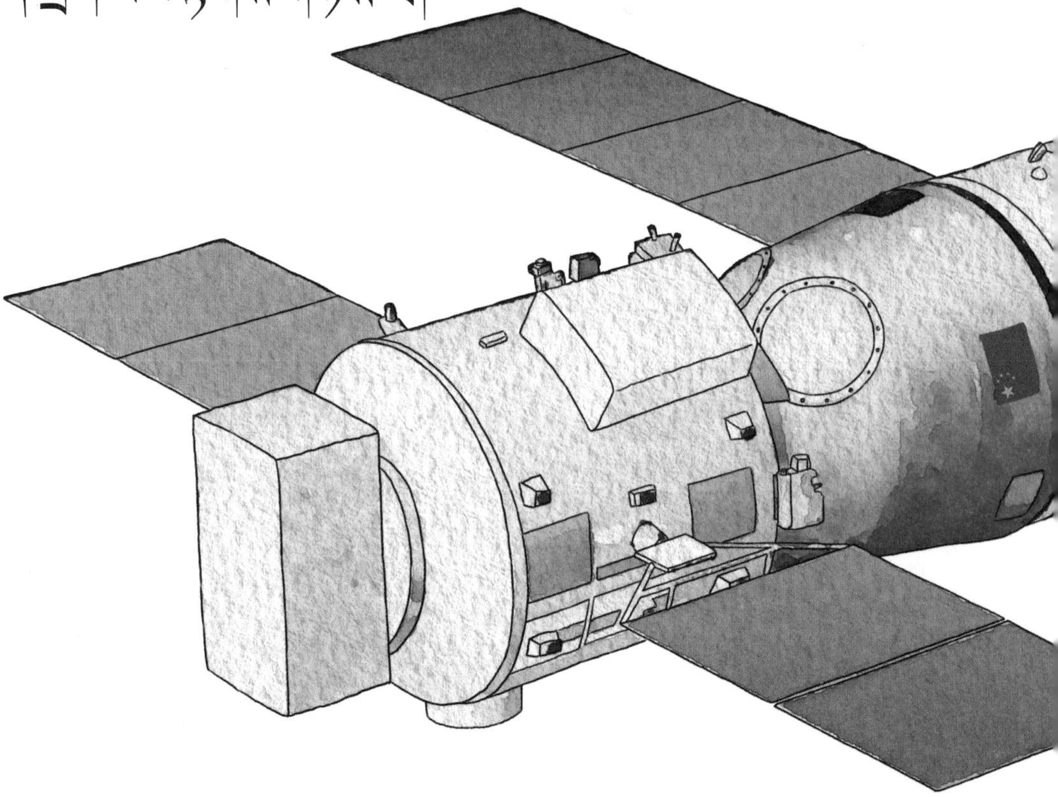

2001年1月10日，我国自行研制的“神舟二号”无人飞船发射升空，10分钟后成功进入预定轨道。这标志着我国载人航天事业取得了新进展，向着载人飞行又迈出了重要一步，因为该飞船是第一艘正样无人飞船，对全面掌握和突破载人航天技术具有重要意义，为中国今后实现空间产品产业化、商品化开辟了道路。

与神舟一号相比，神舟二号的系统结构有了新扩展，技术性能有了实质性提高，飞船技术状态与载人飞船基本一致，火箭系统采用长征二号F捆绑式火箭。

在本次飞行中，载人飞行的几大系统全都参加了测试，包括：用来保证宇航员生命安全的逃生系统，用来解决宇航员营养问题的饮食系统，用来解决宇航员个人卫生的卫生系统，用来解决宇航员晕船、头痛、辐射等病症的医疗系统，以及用来自动调节温、压、气、湿等情况的环境系统。此外，在飞行过程中，飞船还进行了多次轨道维持操作，即通过控制飞船上发动机的点火时间和推力，使飞船始终保持在正确的轨道上飞行。

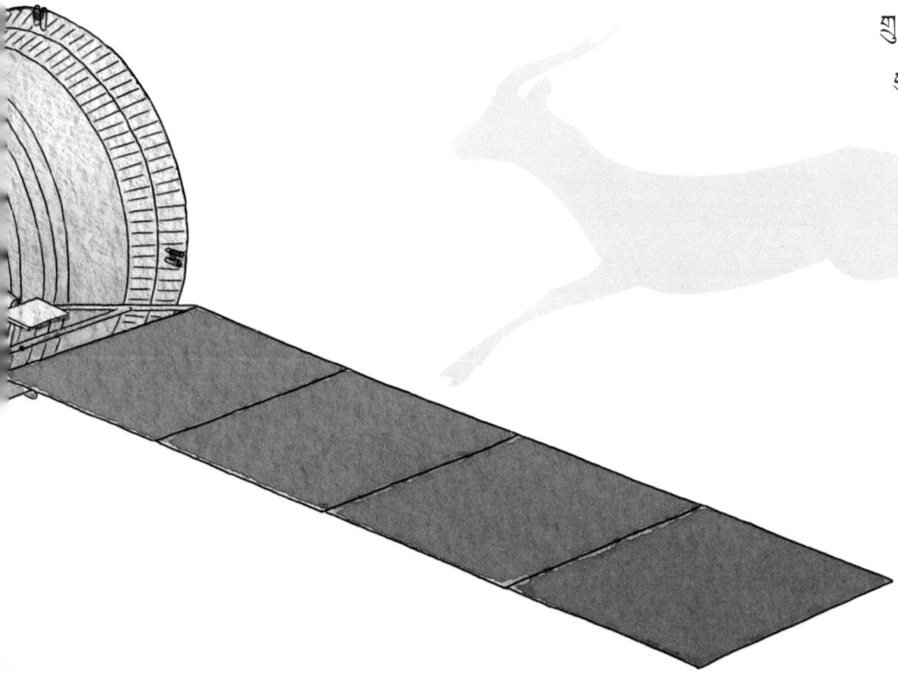

2001ལོའི་ཟླ1པའི་ཚེས10ཉིན། རང་རྒྱལ་གྱིས་རང་བདག་ཞིབ་བཟོ་བྱས་པའི“ཐྱིན་ཀྲིག་ཨང་རྟགས་གཉིས་པ”ཞེས་པའི་མི་མེད་འཕུར་གྲུ་བར་སྣང་དུ་བཏང་ཞིང་སྐར་མ10ཡི་རྗེས་སུ་རྒྱལ་ཁའི་ངང་སྔོན་བཀོད་འཁོར་ལམ་དུ་ཞུགས་པས། རང་རྒྱལ་གྱི་མི་བཞུགས་དབྱིངས་སྐྱོད་ལས་དོན་ལ་འཕེལ་རྒྱས་གསར་བ་བྱུང་བ་དང་། མི་བཞུགས་འཕུར་སྐྱོད་ཀྱི་ཕྱོགས་སུ་གོམ་པ་གལ་ཆེན་ཞིག་སྤོས་པ་མཚོན་ཡོད། རྒྱུ་མཚན་ནི་འཕུར་གྲུ་འདི་ནི་མི་མེད་འཕུར་གྲུ་དངོས་དཔེ་དང་པོ་ཡིན་པས། མི་བཞུགས་དབྱིངས་སྐྱོད་ཀྱི་ལག་རྩལ་ཕྱོགས་ཡོངས་ནས་ཁོང་དུ་ཆུད་པ་དང་འགག་སློལ་བྱེད་པར་དོན་སྙིང་གལ་ཆེན་ལྡན་པ་དང་། གྲུང་གོས་རྗེས་སོར་བར་སྣང་ཐོན་རྫས་ཐོན་ལས་ཅན་དང་ཚོང་རྫས་ཅན་དུ་འགྱུར་བར་བསྒྲོད་ལམ་བརྟོད་ཡོད།

ཐྱིན་ཀྲིག་ཨང་རྟགས་དང་པོ་དང་བསྡུར་ན། ཐྱིན་ཀྲིག་ཨང་རྟགས་གཉིས་པའི་མ་ལག་གི་སྒྲིག་གཞིར་རྒྱ་བསྐྱེད་གསར་བ་བྱུང་ཡོད་པ་དང་། ལག་རྩལ་གྱི་གཤིས་ནུས་ལའང་དོན་དངོས་རང་བཞིན་གྱི་མཐོར་འདེགས་བྱུང་ཡོད། འཕུར་གྲུའི་ལག་རྩལ་གྱི་རྣམ་པ་དང་མི་བཞུགས་འཕུར་གྲུ་ཕལ་ཆེར་གཅིག་མཐུན་ཡིན་ལ། མེ་ཤུགས་འཕུར་མདའི་མ་ལག་གིས་ཁྲང་ཀྲིན་ཨང་རྟགས་གཉིས་པFབསྣམས་བཀྱིགས་རྣམ་པའི་མེ་ཤུགས་འཕུར་མདའ་སྤྱད་ཡོད།

ཐེངས་འདིའི་འཕུར་སྐྱོད་ཁྲོད་དུ། མི་བཞུགས་འཕུར་སྐྱོད་ཀྱི་མ་ལག་ཆེན་པོ་ཚང་མ་ཚད་ལེན་ཚོད་ལྟའི་ནང་དུ་ཞུགས། དེའི་ཁྲོད་དུ་དབྱིངས་སྐྱོད་པའི་ཚེ་སྲོག་བདེ་འཇགས་འགན་ལེན་བྱེད་པའི་སྲོག་ཐར་མ་ལག་དང་། དབྱིངས་སྐྱོད་པའི་འཚོ་བཅུད་གནད་དོན་ཐག་གཅོད་བྱེད་པའི་བཟའ་བཏུང་མ་ལག དབྱིངས་སྐྱོད་པ་མི་སྐོར་གྱི་འཕྲོད་བསྟེན་ཐག་གཅོད་བྱེད་པའི་འཕྲོད་བསྟེན་མ་ལག དབྱིངས་སྐྱོད་པ་གྲུ་གཟིངས་ལ་མགོ་ཡུ་འཁོར་བ་དང་མགོ་ན་བ། འཁྲིད་འཕྲོ་སོགས་ཀྱི་ནད་རྟགས་ཐག་གཅོད་བྱེད་པའི་སྨན་བཅོས་མ་ལག དེ་བཞིན་དུ་རང་འགུལ་ངང་དྲོད་ཚད་དང་གཤེར་ཚད། རླངས་པ། རྡུལ་ཚད་སོགས་སྙོམ་སྒྲིག་བྱེད་པར་སྤྱོད་པའི་ཁོར་ཡུག་མ་ལག་བཅས་ཚུད་ཡོད། གཞན་འཕུར་སྐྱོད་བྱེད་པའི་བརྒྱུད་རིམ་ཁྲོད་དུ་འཕུར་གྲུས་ད་དུང་འཁོར་ལམ་རྒྱུན་འཛིན་གྱི་སྒྲིག་བཀོལ་ཐེངས་མང་བྱས་པ་སྟེ། འཕུར་གྲུའི་ནང་གི་སྐྱུལ་བྱེད་འཕྲུལ་འཁོར་གྱི་མེ་འབུད་དུས་ཚོད་དང་འདེད་ཤུགས་ཚོད་འཛིན་བྱས་པ་བརྒྱུད་ནས། འཕུར་གྲུ་ཐོག་མཐའ་བར་གསུམ་དུ་ཡང་དག་པའི་འཁོར་ལམ་སྟེང་དུ་འཕུར་སྐྱོད་རྒྱུན་འཁྱོངས་བྱེད་ཐུབ་པ་ཡིན་ནོ། །

# 17 首次载人航天飞行
## མི་བཞུགས་དབྱིངས་སྐྱོད་འཕུར་སྐྱོད་ཐོག་མ།

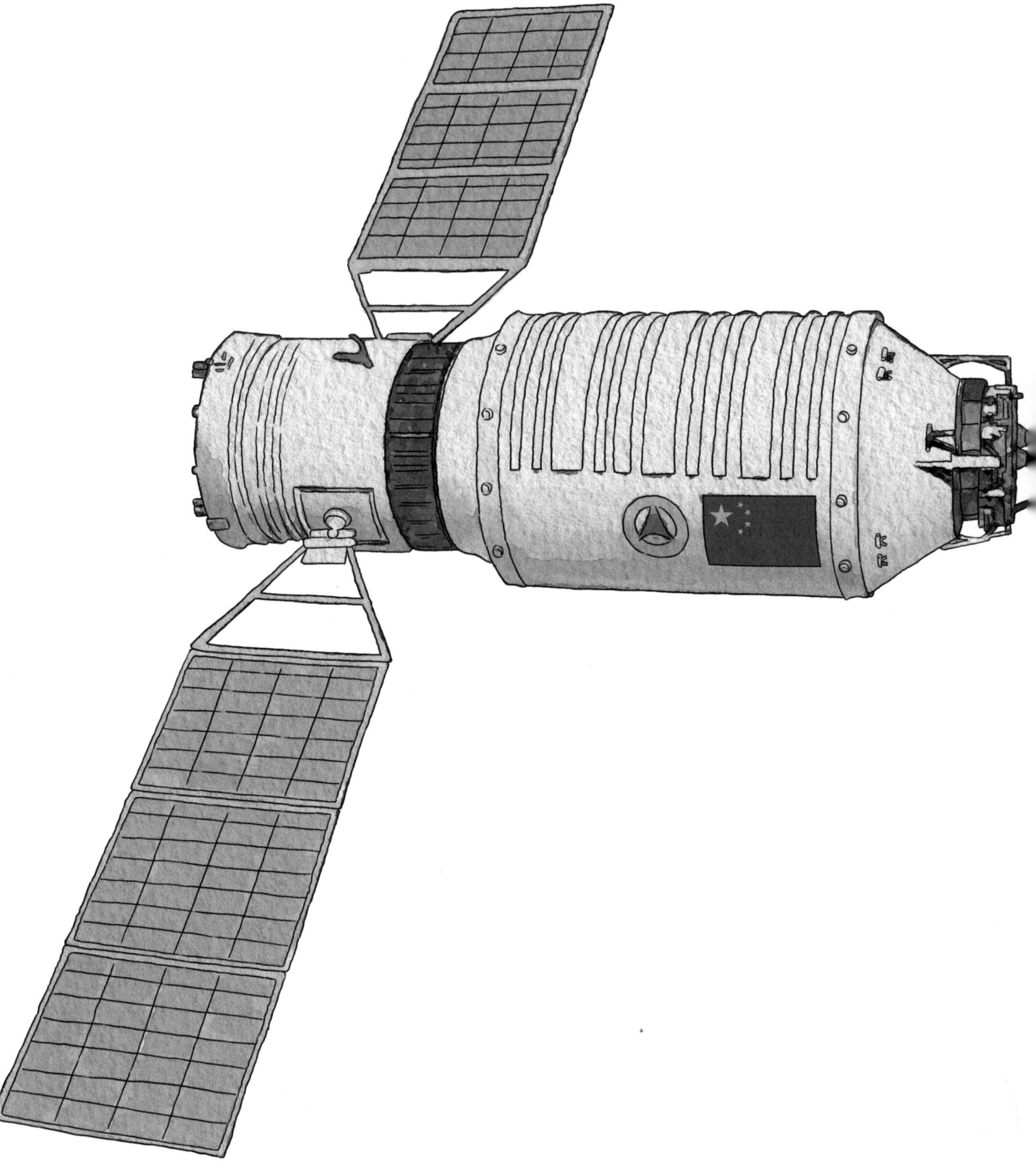

2003年10月15日，我国自行研制的“神舟五号”飞船，搭载着中国首位航天员顺利升空。这不但实现了中华民族的千年飞天梦想，也树立了中国航天事业的又一座里程碑，更使中国成为继美国和俄罗斯之后世界上第三个独立掌握载人航天技术的国家。

神舟五号是我国发射的第一艘载人飞船，包括推进舱、返回舱、轨道舱和附加段四个部分。它的头部是圆柱体，还留有与空间实验室对接的接口。其返回舱内只有航天员，其空间的平面大约为2.2米×2.5米，可容纳3人，但此次只搭乘一名航天员。返回舱在轨运行14圈，历时21小时23分，然后顺利返回地面，其轨道舱则留轨运行半年。

这次载人航天飞行的任务主要是考核载人环境，获取航天员空间生活环境和安全的有关数据，考核各系统工作情况、可靠性、安全性和系统间的协调性等。此次飞行搭载的主要物品包括：一面具有特殊意义的国旗、一面北京2008年奥运会会徽会旗、一面联合国旗帜和来自台湾的农作物种子等。

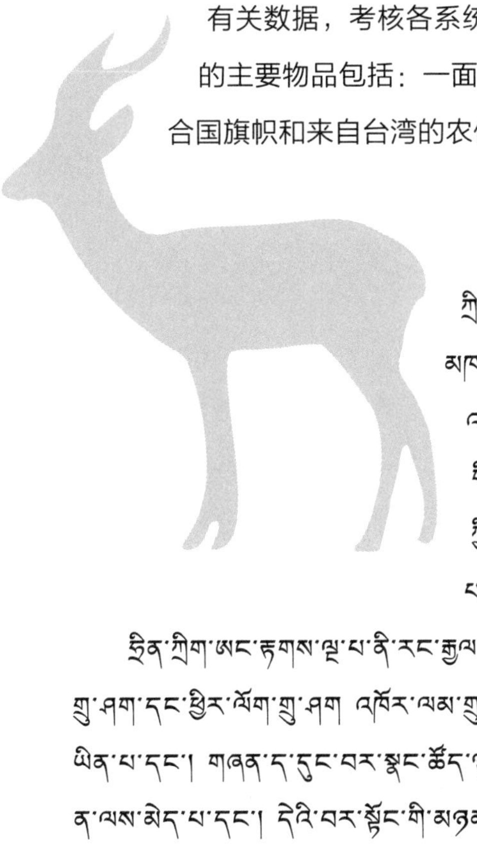

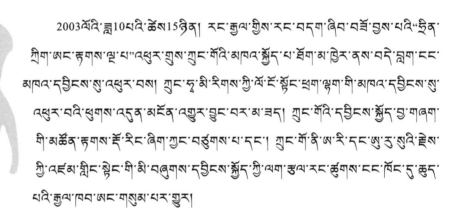

2003ལོའི་ཟླ10པའི་ཚེས15ཉིན། རང་རྒྱལ་གྱིས་རང་བདག་ཞིབ་བཟོ་བྱས་པའི“ཧྲིན་ཀྲིག་ཨང་རྟགས་ལྔ་པ”འཕུར་གྲུས་ཀྲུང་གོའི་མཁའ་སྐྱོད་པ་ཐོག་མ་ཁྱེར་ནས་བདེ་བླག་ངང་མཁའ་དབྱིངས་སུ་འཕུར་བས། ཀྲུང་ཧྭ་མི་རིགས་ཀྱི་ལོ་ངོ་སྟོང་ཕྲག་ལྷག་གི་མཁའ་དབྱིངས་སུ་འཕུར་བའི་ཕུགས་འདུན་མངོན་འགྱུར་བྱུང་བར་མ་ཟད། ཀྲུང་གོའི་དབྱིངས་སྐྱོད་བྱ་གཞག་གི་མཚོན་རྟགས་རྗེ་རིང་ཞིག་ཀྱང་བཙུགས་པ་དང་། ཀྲུང་གོ་ནི་ཨ་རི་དང་ཨུ་རུ་སུའི་རྗེས་ཀྱི་འཛམ་གླིང་སྟེང་གི་མི་བཞུགས་དབྱིངས་སྐྱོད་ཀྱི་ལག་རྩལ་རང་ཚུགས་ངང་ཐོབ་ཏུ་ཚུད་པའི་རྒྱལ་ཁབ་ཨང་གསུམ་པར་གྱུར།

ཧྲིན་ཀྲིག་ཨང་རྟགས་ལྔ་པ་ནི་རང་རྒྱལ་གྱིས་འཕེན་གཏོང་བྱས་པའི་མི་སྟོད་འཕུར་གྲུ་དང་པོ་ཡིན་ཞིང་། དེའི་ནང་དུ་སྐུལ་འདེད་གྲུ་ཤག་དང་ཕྱིར་ལོག་གྲུ་ཤག འཁོར་ལམ་གྲུ་ཤག ཟུར་སྣོན་དུམ་མཚམས་བཅས་ཁག་བཞི་ཚུད་ཡོད། དེའི་མགོ་ནི་ཀ་ཟླུམ་གཟུགས་ཡིན་པ་དང་། གཞན་ད་དུང་བར་སྣང་ཚོད་ལྟ་ཁང་དང་སྦྲེལ་མཐུད་བྱེད་པའི་མཐུད་ཁ་ཡོད། ཕྱིར་ལོག་གྲུ་ཤག་ཏུ་དབྱིངས་སྐྱོད་པ་ཁོ་ན་ལས་མེད་པ་དང་། དེའི་བར་སྟོང་གི་མཉམ་ངོས་ནི་ཏ་ལམ་སྨི2.2×2.5ཡིན་པ་དང་མི3ཤོང་ཐུབ་ནའང་། ཐེངས་འདིར་དབྱིངས་སྐྱོད་པ་གཅིག་ལས་མེད། ཕྱིར་ལོག་གྲུ་ཤག་འཁོར་ལམ་སྟེང་དུ་འཁོར་སྐྱོད་སྐོར་བ14བྱས་པ་དང་དུས་ཡུན་ཆུ་ཚོད21དང་སྐར་མ23རྗེས་སུ་བདེ་བླག་ངང་ས་ངོས་སུ་ཕྱིར་ལོག་ཅིང་། དེའི་ཕྱིར་ལོག་གྲུ་ཤག་འཁོར་ལམ་སྟེང་དུ་ལོ་ཕྱེད་ཙམ་ལ་བཞག

ཐེངས་འདིའི་མི་བཞུགས་དབྱིངས་སྐྱོད་ཀྱི་ལས་འགན་གཙོ་བོ་ནི་མི་བཞུགས་ཁོར་ཡུག་ལ་དཔྱད་ཞིབ་བྱས་ཏེ། དབྱིངས་སྐྱོད་པའི་བར་སྟོང་འཚོ་བའི་ཁོར་ཡུག་དང་བདེ་འཇགས་ཀྱི་འབྲེལ་ཡོད་གཞི་གྲངས་ལེན་པ་དང་། མ་ལག་སོ་སོའི་བྱ་བའི་གནས་ཚུལ་ལ་ཞིབ་བཤེར་དང་། བློས་འགེལ་ཆོག་པའི་རང་བཞིན། བདེ་འཇགས་རང་བཞིན། མ་ལག་བར་གྱི་མཐུན་སྦྱོར་རང་བཞིན་སོགས་ལ་དཔྱད་ཞིབ་བྱེད་པ་ཡིན། ཐེངས་འདིར་འཕུར་སྐྱོད་བྱེད་དུས་བླུགས་པའི་དངོས་པོ་གཙོ་བོའི་ཁྲོད་དུ། དམིགས་བསལ་གྱི་དོན་སྙིང་ལྡན་པའི་རྒྱལ་དར་དང་པེ་ཅིན2008ལོའི་ཨོ་རྩལ་འགྲན་ཚོགས་ཀྱི་ཚོགས་རྟགས་དང་ཚོགས་དར། མཉམ་འབྲེལ་རྒྱལ་ཚོགས་ཀྱི་དར་ཆ་དང་ཐའེ་ཝན་ནས་ཁྱེར་ཡོང་བའི་ཞིང་ལས་སྐྱེ་དངོས་ཀྱི་ས་བོན་སོགས་ཚུད་ཡོད་དོ། །

# 18 神舟七号
## ཧྲེན་ཀྲིག་ཡང་རྟགས་བདུན་པ།

“神舟七号”是我国首次实现太空行走的飞船，它于2008年9月25日发射。两天后，宇航员进行出舱活动，然后安全返回。此外，它还首次实现了小卫星伴飞，开启了中国航天新篇章。

神舟七号搭载2名航天员，其中1名出舱活动，回收在舱外装载的试验样品装置，接着释放了一颗伴飞卫星。这次飞行任务的特点主要有：技术跨度大，航天员由舱内活动转向舱外活动，这是载人航天的重大跨越；任务风险大，因为出舱过程很难在地面模拟训练；对航天员要求更高，要对舱外服务进行组装测试，在失重环境中操作时间长、强度大、自主性强等。

神舟七号由气闸舱、轨道舱、返回舱和推进舱等四部分组成。轨道舱位于飞船前段，是宇航员在太空飞行期间的生活舱、试验舱和货舱。返回舱的直径达2.5米，位于飞船中部，是飞船的控制中心。推进舱紧接在返回舱后面，为飞船提供动力，负责姿态控制、变轨和制动，并为航天员提供氧气和水。过渡段位于飞船顶部，用于与其他航天器对接或空间探测。

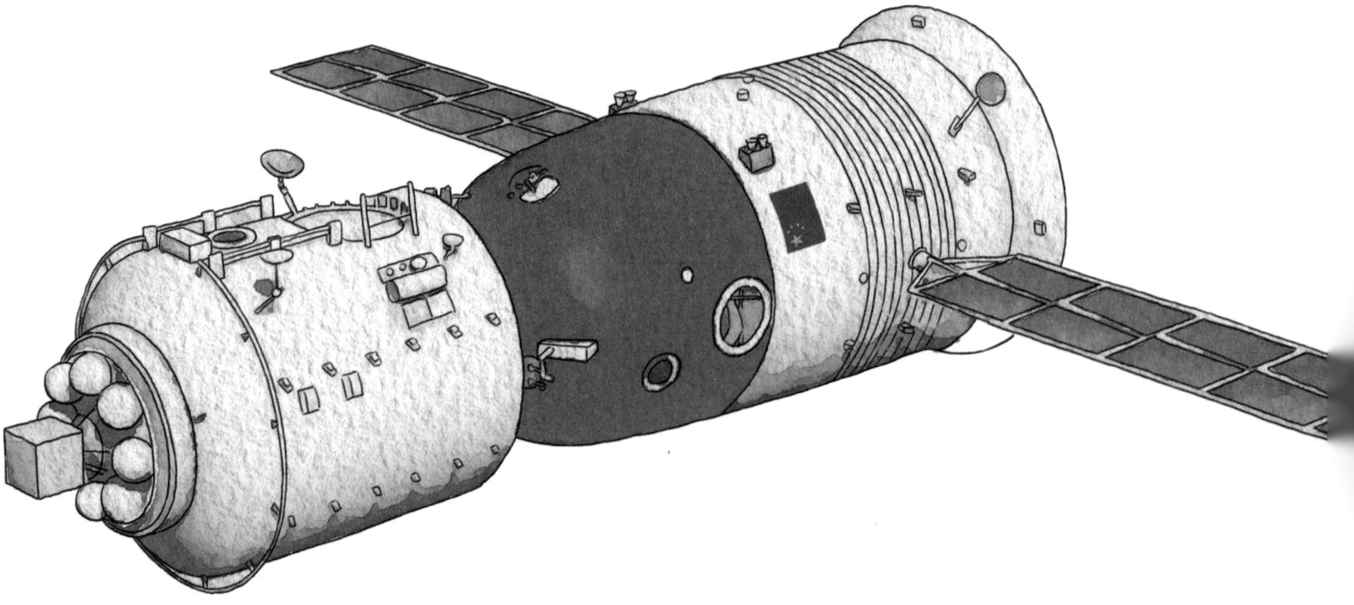

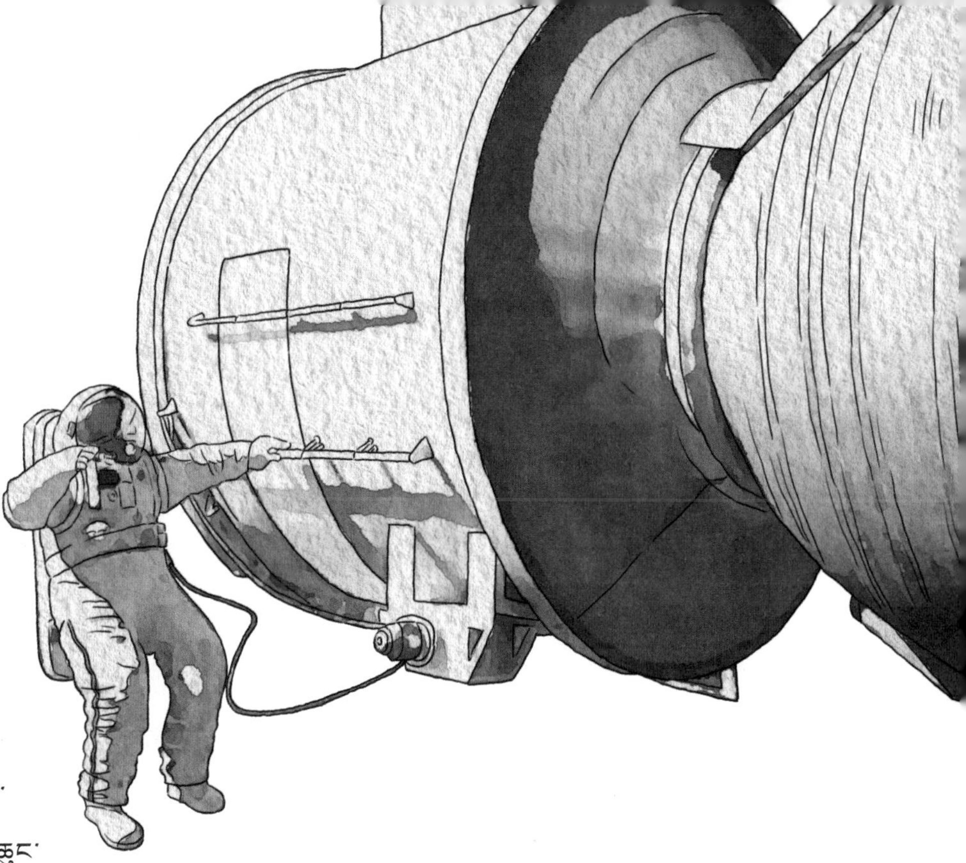

"ཧྲེན་ཀྲིག་ཨང་རྟགས་བདུན་པ" ནི་རང་རྒྱལ་གྱིས་ཐོག་མར་བར་སྣང་དུ་འགྲོ་སྐྱོད་མངོན་འགྱུར་བྱས་པའི་འཕུར་གྲུ་ཡིན་པ་དང་། དེ་ཉིད2008ལོའི་ཟླ9པའི་ཚེས25ཉིན་འཕེན་གཏོང་བྱས། ཉིན་གཉིས་ཀྱི་རྗེས་སུ་དབྱིངས་སྐྱོད་པ་གྲུ་ཤག་ནས་ཕྱིར་བུད་རྗེས་བདེ་འཇགས་ངང་ཕྱིར་ལོག གཞན་ཡང་དེས་སྲུང་སྐར་ཆུང་ཆུང་མཉམ་འཕུར་ཐེངས་དང་པོར་མངོན་འགྱུར་བྱུང་སྟེ། གྲུང་གོའི་དབྱིངས་སྐྱོད་ཀྱི་ལེའུ་གསར་པ་ཞིག་བསྐྲུན་ཡོད།

ཧྲེན་ཀྲིག་ཨང་རྟགས་བདུན་པར་དབྱིངས་སྐྱོད་པ2ཐེག་ཁྲིར་བྱས་པ་དང་། དེའི་ནང་ནས་འཕུར་སྐྱོད་པ1གྲུ་ཤག་གི་ཕྱིར་བུད་ནས་འགྲུལ་སྐྱོད་བྱས་ཏེ་གྲུ་ཤག་ཕྱི་རོལ་དུ་ཐུགས་པའི་ཚོད་ལྟའི་དཔེ་མཚོན་སྒྲིག་ཆས་ཕྱིར་སྡུད་བྱས། དེ་འཁོར་མཉམ་དུ་འཕུར་བའི་འཁོར་སྐར་ཞིག་བཏང་། ཐེངས་འདིའི་འཕུར་སྐྱོད་ལས་འགན་གྱི་ཁྱད་ཆོས་གཙོ་བོ་ནི། ལག་རྩལ་བརྒལ་ཚད་ཆེ་བ་སྟེ། མཁའ་སྐྱོད་པ་གྲུ་ཤག་ནང་ཁུལ་གྱི་འགྲུལ་སྐྱོད་ནས་གྲུ་ཤག་ཕྱི་རོལ་དུ་འགྲུལ་སྐྱོད་བྱེད་པར་བསྒྱུར་བས། འདི་ནི་མི་བཞུགས་དབྱིངས་སྐྱོད་ཀྱི་མཆོང་སྐྱོད་གལ་ཆེན་ཞིག་ཡིན། ལས་འགན་ཉེན་ཁ་ཆེ་བ་སྟེ། གྲུ་ཤག་ནས་ཕྱིར་སྐྱོད་པའི་བརྒྱུད་རིམ་ནི་ས་ངོས་སུ་ལད་ཟློས་སྦྱོང་བརྡར་བྱེད་མི་ཐུབ་པ་ཡིན། དབྱིངས་སྐྱོད་པར་རེ་བ་སྟེར་ལས་མཐོ་བ་བཏོན་ཡོད་པས། གྲུ་ཤག་ཕྱིའི་ཞབས་ཞུར་སྒྲིག་སྦྱོར་ཚོད་ལྟ་བྱེད་དགོས་པ་དང་། ཐེད་ཐོར་ཁོར་ཡུག་ཁྲོད་དུ་བཀོལ་སྤྱོད་བྱེད་ཡུན་རིང་བ་དང་ཤུགས་ཚད་ཆེ་བ། རང་བདག་རང་བཞིན་ཆེ་བ་སོགས་ཡིན།

ཧྲེན་ཀྲིག་ཨང་རྟགས་བདུན་པ་ནི་ភ្លང་སྒོ་གྲུ་ཤག་དང་འཁོར་ལམ་གྲུ་ཤག ཕྱིར་ལོག་གྲུ་ཤག སྐྱེལ་འདེད་གྲུ་ཤག་སོགས་ཁག་བཞི་ཡིས་གྲུབ་པ་ཡིན། འཁོར་ལམ་གྲུ་ཤག་ནི་འཕུར་གྲུའི་མདུན་ཕྱོགས་སུ་གནས་པ་དང་དབྱིངས་སྐྱོད་པ་བར་སྣང་དུ་འཕུར་སྐྱོད་བྱེད་དུས་ཀྱི་འཚོ་བའི་གྲུ་ཤག་དང་ཚོད་ལྟའི་གྲུ་ཤག དངོས་ཐོག་གྲུ་ཤག་བཅས་ཡིན། ཕྱིར་ལོག་གྲུ་ཤག་གི་ཚངས་ཐིག་ལ་སྨི2.5ཡོད་པ་དང་འཕུར་གྲུའི་དབུས་རྒྱུད་དུ་གནས་ཤིང་། དེ་ནི་འཕུར་གྲུའི་ཚོད་འཛིན་ལྟེ་གནས་ཡིན། སྐྱེལ་འདེད་གྲུ་ཤག་ནི་ཕྱིར་ལོག་གྲུ་གཟིངས་ཀྱི་རྒྱབ་ཏུ་དམ་པོར་སྦྲེལ་ནས་འཕུར་གྲུར་སྐུལ་ཤུགས་མགོ་འདོན་བྱེད་པ་དང་། རྣམ་འགྱུར་ཚོད་འཛིན་དང་འཁོར་ལམ་བསྒྱུར་བ། བཀག་གཏོང་བཅས་ཀྱི་འགན་འཁུར་བར་མ་ཟད། དབྱིངས་སྐྱོད་པར་དབུགས་ལྷང་དང་ཆུ་མགོ་འདོན་བྱེད་པ་ཡིན། བར་བརྒལ་དུས་གནས་ནི་འཕུར་གྲུའི་རྩེ་མོར་གནས་ཡོད་པ་དང་། དེ་ནི་དབྱིངས་སྐྱོད་འཕྲུལ་ཆས་གཞན་དང་འབྲེལ་མཐུད་བྱེད་པའམ་ཡང་ན་བར་སྣང་འཚོལ་ཞིབ་བྱེད་པར་སྤྱོད་པ་ཡིན།

# 19 神舟八号

# ཧྲེན་ཀྲིག་ཡང་རྟགས་བརྒྱད་པ།

在“2011年中国科学十大进展”的榜单中，毫无悬念地出现了“天宫一号与‘神舟八号’成功实现交会对接”成果。原来，这次对接是中国航天的首次太空飞行器交会对接。实际上，神舟八号于2011年11月1日发射升空，两天后与天宫一号完成刚性连接，形成组合体，并于同月17日返回，完成对接任务。

神舟八号的飞行目的主要有三：一是为空间交会对接试验提供目标飞行器，二是为今后长期无人在轨运行和短期有人照料的载人空间试验平台积累经验，三是进行空间科学、航天医学和空间技术试验等。

在前期飞船的基础上，神舟八号的技术改进有很多，主要突破点有两个：一是具备了自动和手动交会对接功能，为此新增和改进了若干设备，比如，用于交会对接的平移和反推发动机，以及自主控制的飞行和控制软件等；二是在飞船已有57天自主飞行能力的基础上，再增了停靠180天的能力，为此，电源帆板的发电能力提高了一半，着陆系统也进行了改进，提高了可靠性。

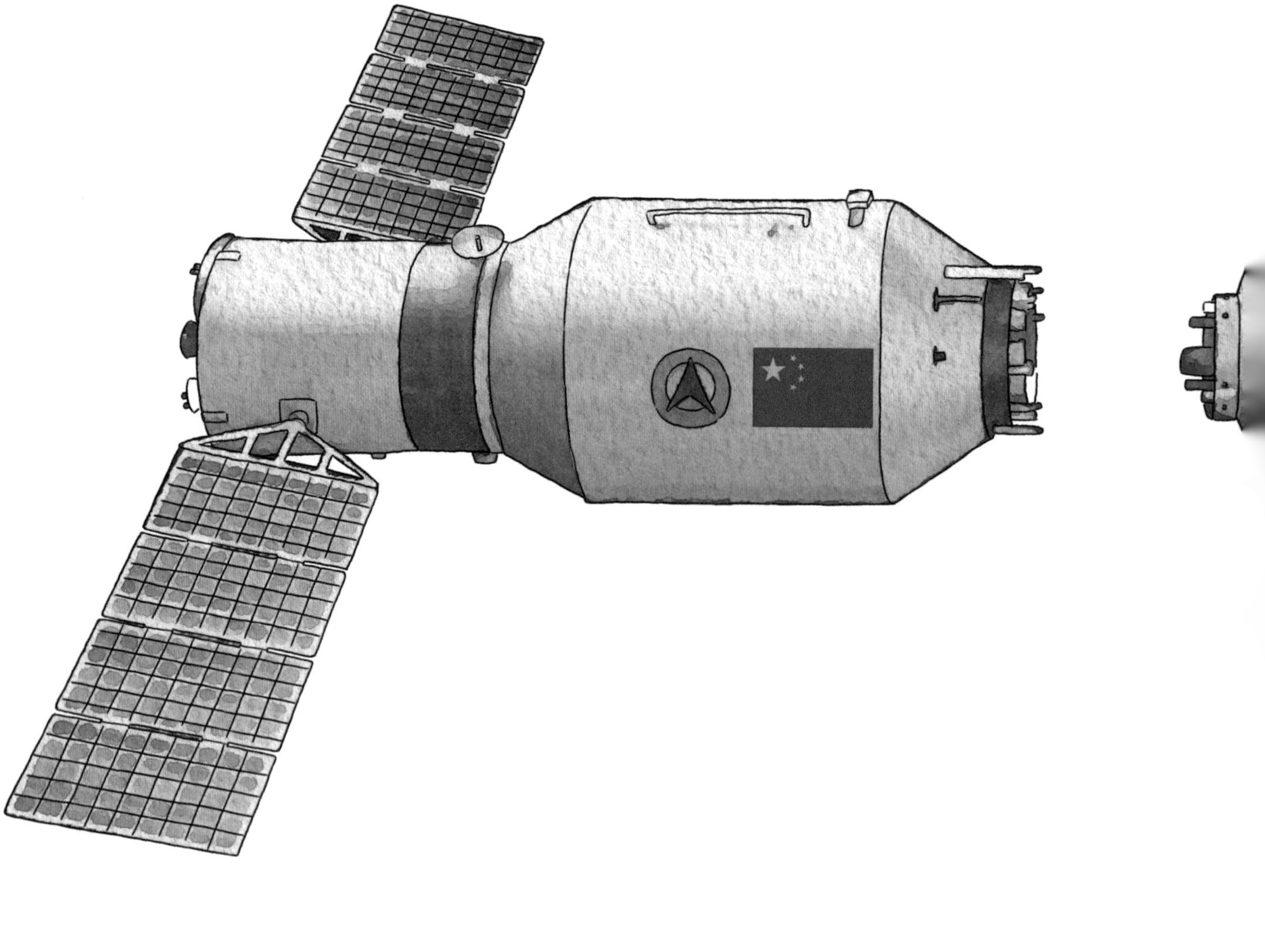

“2011ལོའི་ཀྲུང་གོའི་ཚན་རིག་གི་གོང་འཕེལ་ཆེན་པོ་བཅུ”ཡི་མིང་ཐོའི་ཁྲོད་དུ“ཐེན་གོང་ཨང་རྟགས་དང་པོ་དང་ཧྲིན་ཀྲིག་ཨང་རྟགས་བརྒྱད་པ་གཉིས་ཀྱི་ཚོང་འདུས་སྦྲེལ་མཐུད་ལེགས་གྲུབ་བྱུང་བའི”གྲུབ་འབྲས་གསལ་པོར་བརྗོད་ཡོད། མ་གཞིར་ཐེངས་འདིའི་སྦྲེལ་མཐུད་ནི་ཀྲུང་གོའི་དབྱིངས་སྐྱོད་ཀྱི་བར་སྣང་འཕུར་སྐྱོད་འཕྲུལ་ཆས་སྦྲེལ་མཐུད་བྱེད་ཐེངས་དང་པོ་ཡིན། དོན་དངོས་སུ་ཧྲིན་ཀྲིག་ཨང་རྟགས་བརྒྱད་པ་ནི2011ལོའི་ཟླ11པའི་ཚེས1ཉིན་འཕེན་གཏོང་བྱས་ནས་མཁའ་དབྱིངས་སུ་འཕུར་བ་དང་། ཉིན་གཉིས་ཀྱི་རྗེས་སུ་ཐེན་གོང་ཨང་རྟགས་དང་པོ་དང་སྲ་གཤིས་སྦྲེལ་མཐུད་བྱས་ནས་སྦེབ་སྒྲིག་གཟུགས་གྲུབ་པར་མ་ཟད། ཟླ་དེའི་ཚེས17ཉིན་ཕྱིར་ལོག་བྱས་ཏེ་སྦྲེལ་མཐུད་ལས་འགན་ལེགས་གྲུབ་བྱུང་བ་ཡིན།

ཧྲིན་ཀྲིག་ཨང་རྟགས་བརྒྱད་པ་འཕུར་སྐྱོད་བྱེད་པའི་དམིགས་ཡུལ་གཙོ་བོ་གསུམ་ཡོད་པ་སྟེ། གཅིག་ནི་བར་སྣང་སྟོལ་འདུ་སྦྲེལ་མཐུད་ཚོད་ལྟ་བྱེད་པར་དམིགས་འབེན་འཕུར་སྐྱོད་འཕྲུལ་ཆས་འདོན་སྤྲོད་བྱེད་པ་དང་། གཉིས་ནི་རྗེས་སོར་དུས་ཡུན་རིང་པོའི་འཁོར་ལམ་སྟེང་དུ་འཁོར་སྐྱོད་བྱེད་མཁན་མེད་པ་དང་དུས་ཐུང་ལྟ་སྐྱོང་བྱེད་མཁན་མེད་པའི་མི་བཞུགས་བར་སྣང་ཚོད་ལྟའི་ལས་སྟེགས་ལ་ཉམས་སྐྱོང་གསོག་འཛོག་བྱེད་པ། གསུམ་ནི་བར་སྣང་ཚན་རིག་དང་དབྱིངས་སྐྱོད་གསོ་རིག བར་སྣང་ལག་རྩལ་ཚོད་ལྟ་སོགས་བྱེད་པ་ཡིན།

ཐོག་མའི་དུས་ཀྱི་འཕུར་གྲུའི་ཀྲང་གཞིའི་སྟེང་དུ། ཧྲིན་ཀྲིག་ཨང་རྟགས་བརྒྱད་པའི་ལག་རྩལ་ལེགས་བཅོས་ཧ་ཅང་མང་པོ་བྱུང་ཡོད་པ་དང་། འགག་སྒྲོལ་བྱ་ཡུལ་གཙོ་བོ་གཉིས་ཡོད་དེ། གཅིག་ནི་རང་འགུལ་དང་ལག་སྐྱལ་སྟོལ་འདུ་སྦྲེལ་མཐུད་ཀྱི་ནུས་པ་ལྡན་པས། དེའི་ཆེད་དུ་སྒྲིག་ཆས་འགའ་གསར་སྣོན་དང་ལེགས་བཅོས་བྱས་ཡོད་དེ། དཔེར་ན། སྟོལ་འདུ་སྦྲེལ་མཐུད་དུ་སྤྱོད་པའི་སྣོམས་སྒོ་དང་འདེད་ཤྲོག་སྐྱལ་བྱེད་འཕྲུལ་འཁོར་སྒྲུད་ཡོད་པ་དང་། དེ་བཞིན་རང་བདག་གིས་ཚོད་འཛིན་བྱེད་པའི་འཕུར་སྐྱོད་དང་ཚོད་འཛིན་མཉེན་ཆས་སོགས་སྒྲུད་ཡོད། གཉིས་ནི་འཕུར་གྲུར་ཉིན57རིང་གི་རང་བདག་འཕུར་སྐྱོད་ནུས་པ་ཡོད་པའི་ཀྲང་གཞིའི་སྟེང་དུ། གསར་བསྣན་ཉིན180ཡི་འདུག་སྡོད་ནུས་པ་ཇེ་ཆེར་ཕྱིན་ཡོད་པས། གློག་ཁུངས་ཀྱི་གཡོར་ཤིང་གི་གློག་འདོན་ནུས་པ་ཕྱིད་ཀ་ཇེ་མཐོར་སོང་བ་དང་། སྐམ་སར་འབབ་པའི་མ་ལག་ཀྱང་ལེགས་བཅོས་བྱས་ཏེ། གློས་འགེལ་ཚོག་པའི་རང་བཞིན་ཇེ་མཐོར་བཏང་ཡོད།

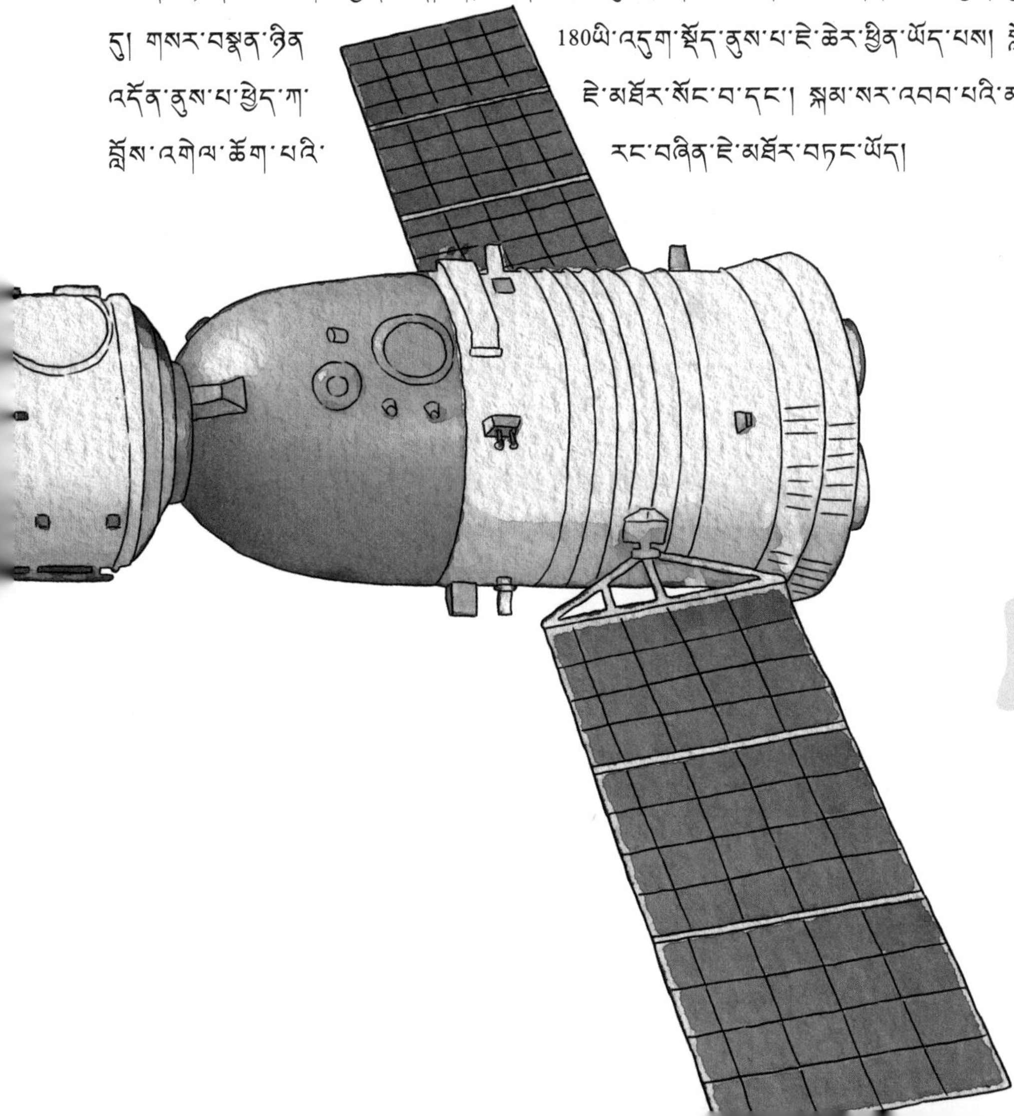

# 20 神舟九号
# ཧྲེན་ཀྲིག་ཡང་རྟགས་དགུ་པ།

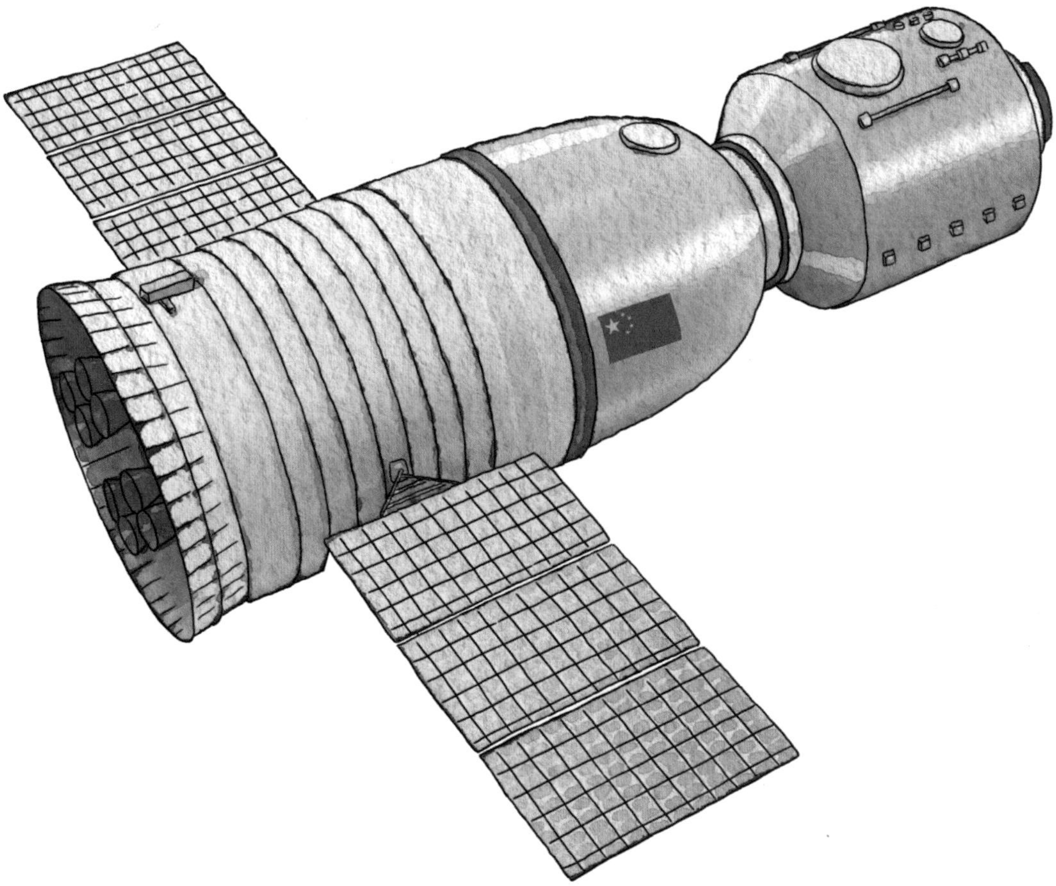

“神舟九号”是完成中国首次载人交会对接任务的飞船，它全面验证了飞船支持航天员生活和工作的可能性，实现了飞行器在天地之间首次运送人员和物资的任务，开展了航天医学及有关技术试验。

神舟九号飞船全长9米，舱段最大直径2.8米，起飞质量不大于8130千克。与神舟八号相比，它的主要技术突破包括：由无人参与发展到有人参与，能承载3名航天员飞行10天；采用自动加人工的前向对接方式，即，飞船在前，由天宫一号追赶神舟九号进行对接；交会对接在全阳区完成，其难度远大于神舟八号；能与天宫一号联成一体，让宇航员可在两个飞行舱间自由穿梭；应急预案增加了手控方式，以进一步确保航天员安全。

在神舟九号与天宫一号载人交会对接任务中，航天员还进行了多达15项航天医学相关实验，比如，航天飞行对前庭眼动、心血管及大脑高级功能的影响，失重生理效应防护的细胞学机制，空间骨丢失防护技术，在轨有害气体采集与分析实验和在轨质量测量等。

“ཧྲིན་ཀྲིག་ཨང་རྟགས་དགུ་པ”ནི་ཀྲུང་གོའི་མི་བཞུགས་སྟོལ་འདུ་སྦྲེལ་མཐུད་ཀྱི་ལས་འགན་ཐོག་མར་གྲུབ་པའི་འཕུར་གྲུ་ཡིན་པས། ཕྱོགས་ཡོངས་ནས་འཕུར་གྲུས་དབྱིངས་སྐྱོད་པའི་འཚོ་བ་དང་བྱ་བར་རྒྱབ་སྐྱོར་བྱེད་ཐུབ་པའི་རང་བཞིན་ར་སྤྲོད་བྱས་ཡོད་པ་དང་། འཕུར་སྐྱོད་འཕྲུལ་ཆས་ཀྱིས་གནམ་སའི་བར་དུ་ཐེངས་དང་པོར་མི་སྣ་དང་དངོས་ཟོག་སྐྱེལ་འདྲེན་བྱེད་པའི་ལས་འགན་མངོན་འགྱུར་བྱས་ཤིང་། དབྱིངས་སྐྱོད་གསོ་རིག་དང་འབྲེལ་ཡོད་ལག་རྩལ་ཚོད་ལྟ་བྱས་པ་ཡིན།

ཧྲིན་ཀྲིག་ཨང་རྟགས་དགུ་པའི་འཕུར་གྲུའི་སྤྱིའི་རིང་ཚད་ལ་སྨི9དང་། གྲུ་ཤག་དུམ་མཚམས་ཀྱི་ཆེས་ཆེ་བའི་ཚངས་ཐིག་ལ་སྨི2.8ཡོད། འཕུར་བའི་ལྗིད་ཚད་ནི་སྟོང་ཁྲི8130ལས་མི་བརྒལ། ཧྲིན་ཀྲིག་ཨང་རྟགས་བརྒྱད་པ་དང་བསྡུར་ན། དེའི་ལག་རྩལ་གྱི་འགག་སྒྲོལ་གཙོ་བོ་ནི། མི་མེད་པ་ནས་མི་ཞུགས་མཁན་ཡོད་པར་འཕེལ་རྒྱས་བྱུང་བ་དང་། མཁའ་སྐྱོད་པ3ཐེག་ཁྱེར་བྱེད་པ་དང་ཉིན10ལ་འཕུར་སྐྱོད་བྱེད་ཐུབ། རང་འགུལ་སྟེང་མིས་བཟོས་བསྟན་པའི་མདུན་ཕྱོགས་སྦྲེལ་མཐུད་བྱེད་སྟངས་སྤྱད་པ་སྟེ། འཕུར་གྲུ་མདུན་དུ་ཐེན་གོང་ཨང་རྟགས་དང་པོས་ཧྲིན་ཀྲིག་ཨང་རྟགས་དགུ་པར་རྗེས་བསྙེགས་ནས་སྦྲེལ་མཐུད་བྱེད་པ་ཡིན། སྟོལ་འདུ་སྦྲེལ་མཐུད་ནི་ཆབ་དབྱང་ཁུལ་དུ་ལེགས་གྲུབ་བྱུང་བ་དང་དེའི་དཀའ་ཚད་ནི་ཧྲིན་ཀྲིག་ཨང་རྟགས་བརྒྱད་པ་ལས་ཤིན་ཏུ་ཆེ། ཐེན་གོང་ཨང་རྟགས་དང་པོ་དང་མཉམ་དུ་སྦྲེལ་ནས་དབྱིངས་སྐྱོད་པ་འཕུར་སྐྱོད་ཁང་གཉིས་ཀྱི་ནང་ནས་རང་སོས་སྙོམས་པར་འགྲོ་ཚུར་འོང་བྱས་ཆོག འཕྲུལ་སྟོམ་སྟོན་རྟུས་ཀྱིས་ལག་པའི་ཚོད་འཛིན་བྱེད་སྟངས་ཇི་མང་དུ་བཏང་ནས་དབྱིངས་སྐྱོད་པའི་བདེ་འཛགས་ཐང་ལས་འགན་ལེན་བྱས་ཡོད།

ཧྲིན་ཀྲིག་ཨང་རྟགས་དགུ་པ་དང་ཐེན་གོང་ཨང་རྟགས་དང་པོའི་མི་བཞུགས་སྟོལ་འདུ་སྦྲེལ་མཐུད་ལས་འགན་ཁྲོད་དུ། དབྱིངས་སྐྱོད་པས་ད་དུང་དབྱིངས་སྐྱོད་གསོ་རིག་གི་འབྲེལ་ཡོད་ཚོད་ལྟ་ཁག15ལྷག་ཙམ་བྱས་ཡོད་དེ། དཔེར་ན། དབྱིངས་སྐྱོད་ཀྱིས་མདུན་ཁུང་མིག་འགུལ་དང་སྙིང་ཁམས་ཁྲག་རྩ། གླད་ཆེན་གྱི་མཐོ་རིམ་ནུས་པར་ཤུགས་རྐྱེན་ཐེབས་པ་དང་། སྐྱེ་ཁམས་ཀྱི་ཕན་ནུས་འགོག་སྲུང་ཉེར་བའི་སྨྲ་ཕུང་རིག་པའི་ལམ་སྲོལ། བར་སྟོང་རྡུས་པ་བོར་བའི་འགོག་སྲུང་ལག་རྩལ། འཁོར་ལམ་སྟེང་གི་གནོད་ཡོད་དབུགས་གཟུགས་འཚོལ་ཞིབ་དང་འཁོར་ལམ་ལྗིད་ཚད་དཔྱེ་ཞིབ་སོགས་ཡོད་དོ། །

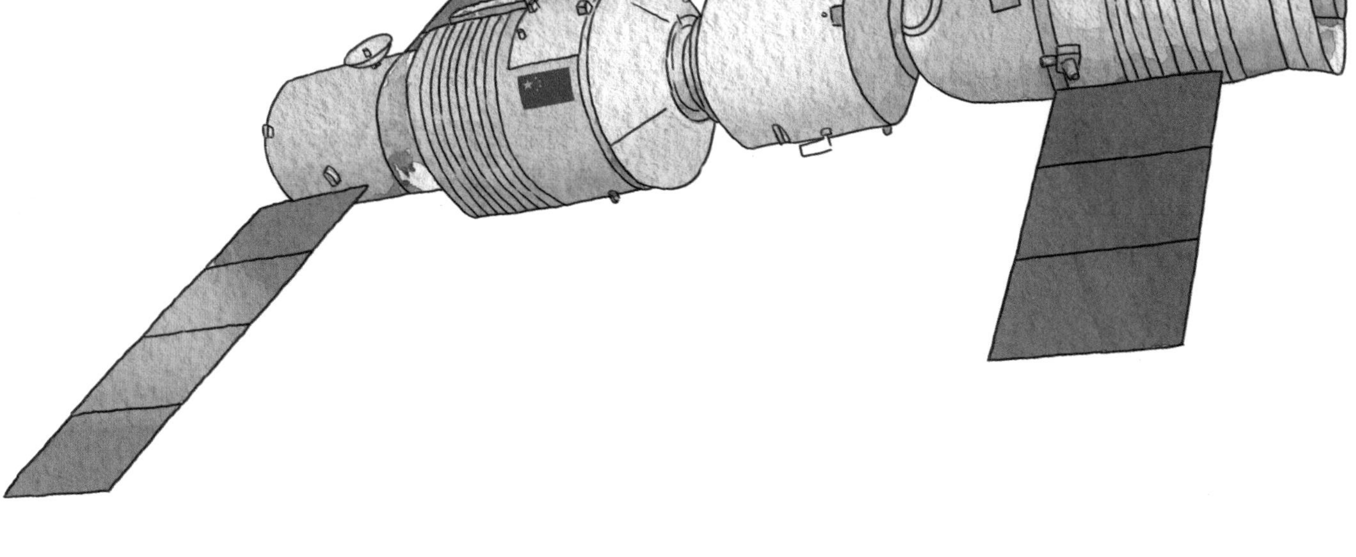

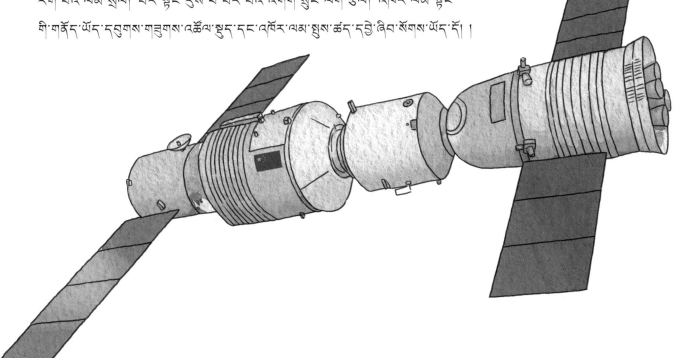

# 21 神舟十二号
# ཧྲེན་ཀྲོའུ་ཡང་རྟགས་བཅུ་གཉིས་པ།

北京时间2021年6月17日9时22分，搭载“神舟十二号”载人飞船的长征二号火箭，在酒泉卫星发射中心点火发射。此后，飞船与火箭成功分离，进入预定轨道，顺利将三名航天员送入太空，飞行状态良好，发射取得圆满成功。同年9月17日13时30分许，神舟十二号返回舱成功着陆。

神舟十二号载人飞船的成功，实现了五个首次：一是首次实施载人飞船自主快速交会对接，在空间站不断调整姿态的配合下，在发射后6.5小时内就实现了与空间站的对接；二是首次绕飞空间站，并与空间站实现径向交会，具备了与空间站进行前向、后向、径向对接口对接和分离的功能；三是由于具备了供电、热环境保障的适应性配套条件，飞船首次实现了长期在轨停靠3个月；四是首次具备了从不同高度轨道返回着陆场的能力，从而可大幅度节省推进剂的消耗；五是首次具备了天地结合的多重保障应急救援能力，即携带两艘飞船进场，由一艘船作为发射船的备份，以便在遇到突发情况时作为航天员的生命救援之舟。

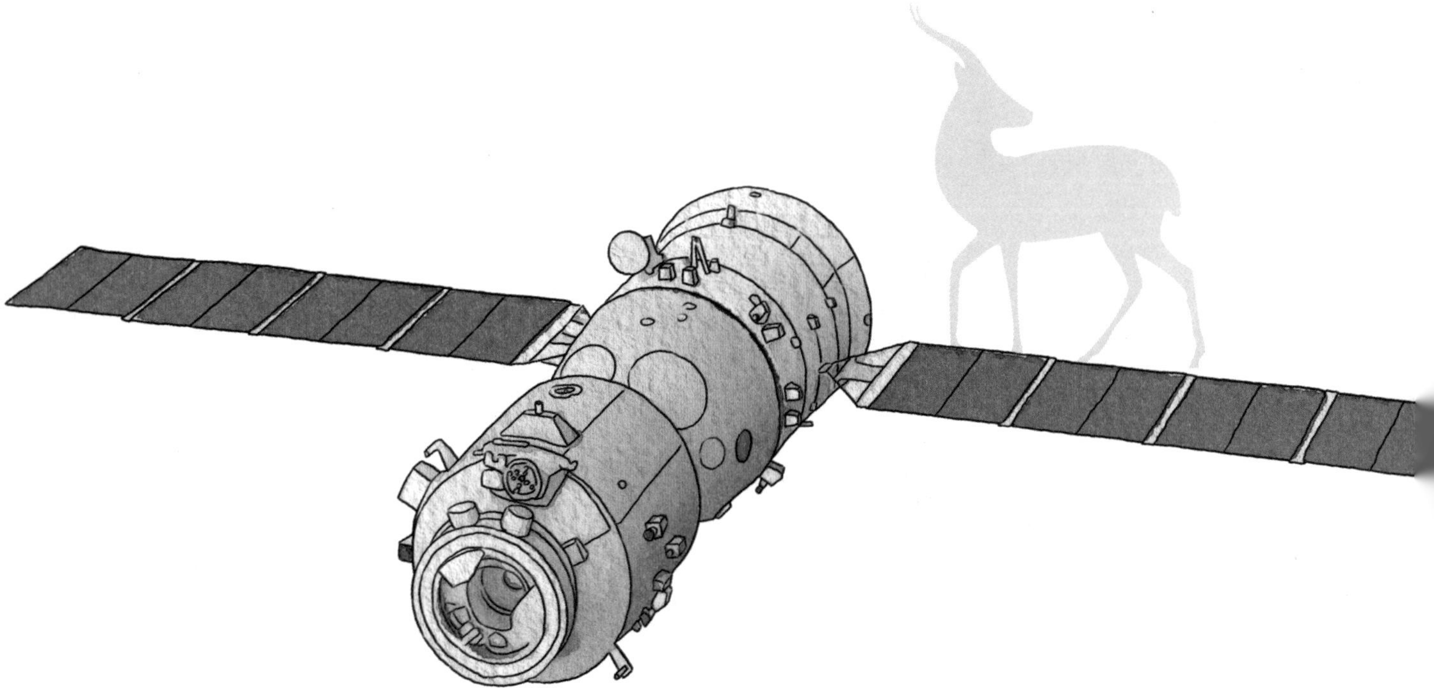

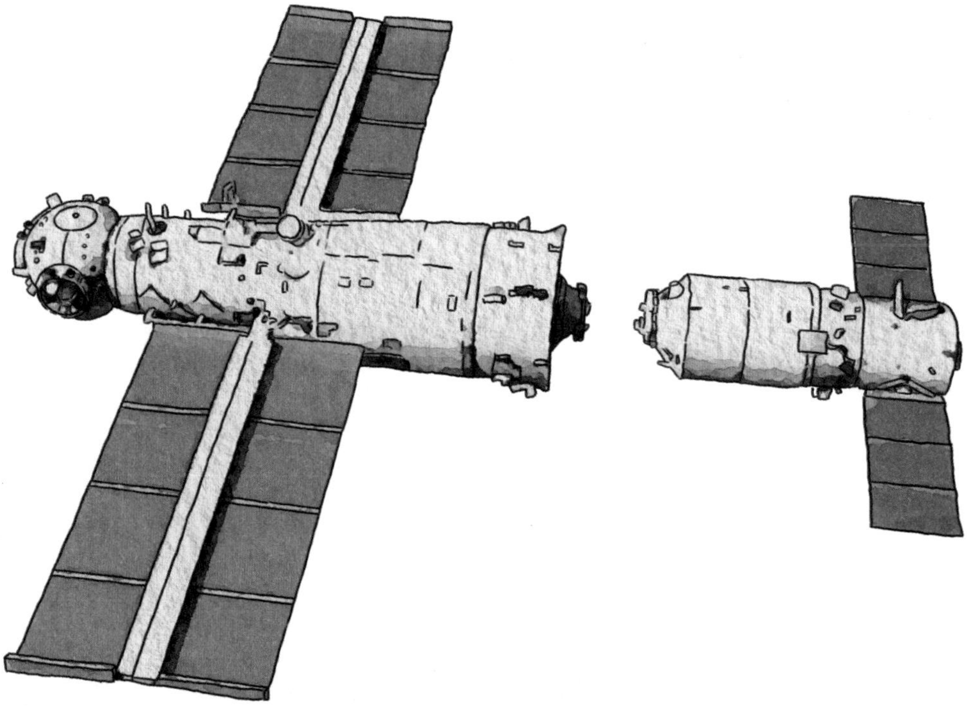

པ་ཅིན་དུས་ཚོད2021ལོའི་ཟླ6པའི་ཚེས17ཉིན་གྱི་དུས་ཚོད9དང་སྐར་མ22སྟེང་དུ།“ཧྲེན་ཀྲིག་ཨང་རྟགས་བཅུ་གཉིས་པ”མི་བཞུགས་འཕུར་གྲུ་ཐེག་ཁྱེར་བྱས་པའི་ཁྲང་ཀྲེན་ཨང་རྟགས་གཉིས་པའི་མེ་ཤུགས་འཕུར་མདའ་ནི་ཅིའུ་ཆོན་སྲུང་སྐར་འཕེན་གཏོང་ལྟེ་གནས་སུ་འཕེན་གཏོང་བྱས། དེའི་རྗེས་སུ་འཕུར་གྲུ་དང་མེ་ཤུགས་འཕུར་མདའ་བདེ་ཐག་དང་ཁ་གྱེས་ཤིང་སྔོན་བཀོད་འཁོར་ལམ་དུ་བསྐྱོད་དེ། དབྱིངས་སྐྱོད་པ3བདེ་ཐག་དང་བར་སྣང་དུ་བསྐྱལ་བ་དང་། འཕུར་སྐྱོད་བདེ་ཐག་གིས་འཕེན་གཏོང་ལེགས་གྲུབ་བྱུང་། ལོ་དེའི་ཟླ9པའི་ཚེས17ཉིན་གྱི་ཆུ་ཚོད13དང་སྐར་མ30སྟེང་དུ། ཧྲེན་ཀྲིག་ཨང་རྟགས་བཅུ་གཉིས་པའི་ཕྱིར་ལོག་གྲུ་ཤག་བདེ་ཐག་ངང་ས་ལ་བབས་པ་ཡིན།

ཧྲེན་ཀྲིག་ཨང་རྟགས་བཅུ་གཉིས་པའི་མི་བཞུགས་འཕུར་གྲུ་ལེགས་གྲུབ་བྱུང་བས་ཐེངས་དང་པོ་ལྔ་མངོན་འགྱུར་བྱུང་ཡོད་དེ། གཅིག་ནི་ཐེངས་དང་པོར་མི་བཞུགས་འཕུར་གྲུའི་རང་བདག་མགྱོགས་མྱུར་ངང་སྦོལ་འདུ་སྦྲེལ་མཐུད་བྱས། དེ་ནི་བར་སྣང་ས་ཚིགས་རྒྱུན་ཆད་མེད་པར་ལེགས་སྒྲིག་སྤྱོད་སྟངས་ཀྱི་གཞོགས་འདེགས་འོག་ཏུ། འཕེན་གཏོང་བྱས་རྗེས་ཀྱི་ཆུ་ཚོད6.5ནང་དུ་བར་སྣང་ས་ཚིགས་དང་སྦྲེལ་མཐུད་བྱེད་ཐུབ་པ་བྱུང་། གཉིས་ནི་ཐེངས་དང་པོར་བར་སྣང་ས་ཚིགས་སུ་འཕུར་སྐོར་བརྒྱབ་པ་དང་། བར་སྣང་ས་ཚིགས་དང་འཕུར་ཕྱོགས་སྦོལ་འདུ་མངོན་འགྱུར་བྱུང་སྟེ། བར་སྣང་ས་ཚིགས་མདུན་ཕྱོགས་དང་རྒྱབ་ཕྱོགས། འཕུར་ཕྱོགས་སྦྲེལ་མཐུད་དང་དབྱེ་འབྱེད་བཅས་ཀྱི་ནུས་པ་ལྡན་པ་ཡིན། གསུམ་ནི་གློག་འདོན་དང་ཚ་བའི་ཁོར་ཡུག་འགན་ལེན་གྱི་འཚམ་མཐུན་རང་བཞིན་གྱི་ཆ་བསྒྲིགས་མཐུན་རྐྱེན་ལྡན་པས། འཕུར་གྲུ་དུས་ཡུན་རིང་པོར་འཁོར་ལམ་སྟེང་དུ་ཟླ་བ3ལ་སྡོད་པ་ཐེངས་དང་པོར་མངོན་འགྱུར་བྱུང་། བཞི་ནི་ཐེངས་དང་པོར་མཐོ་ཚད་མི་འདྲ་བའི་འཁོར་ལམ་ནས་སྐམ་སར་ལོག་པའི་ནུས་པ་ལྡན་པས། སྐྱེལ་འདྲེན་རྫས་ཀྱི་ཟད་གྲོན་གྲོན་ཆུང་ཚད་མཐོན་པོ་བྱེད་ཐུབ། ལྔ་ནི་ཐེངས་དང་པོར་གནམ་ས་ཟུང་འབྲེལ་གྱི་འཕྲུལ་སྟོམ་རིགས་སྐྱོར་འགན་སྲུང་སྣ་མང་པོ་བྱེད་ནུས་ཏེ། འཕུར་གྲུ་གཉིས་ཁྱེར་ནས་ལས་ཡུལ་དུ་བསྐྱོད་དེ་གྲུ་གཅིག་འཕེན་གཏོང་གྲུབ་གྲ་སྒྲིག་ཏུ་བཅས་ནས་ཐོལ་བྱུང་གནས་ཚུལ་དང་འཕྲད་དུས་དབྱིངས་སྐྱོད་པའི་སྲོག་སྐྱོབ་ཀྱི་གྲུ་རུ་བཅོས་ཆོག་གོ །

# 22 天舟一号

# ཐེན་ཀྲིག་ཡང་རྟགས་དང་པོ།

“天舟一号”是中国自主研制的第一艘货运飞船，也是我国载人航天工程“三步走”战略计划中“第二步”的收官之作。它于2017年4月20日成功发射，这意味着中国航天迈进了空间站时代。实际上，天舟二号和三号，也紧接着分别于2021年5月29日20时55分和2021年9月20日15时10分成功发射。

天舟一号的具体任务有三：一是，向空间站补给已消耗的推进剂、已泄漏的空气、空间站维修的更换设备，以延长空间站的在轨飞行寿命；二是，运送航天员的工作和生活用品，保障他们的长期驻留和工作；三是，运送空间站所需设备和用品，确保空间站具备开展较大规模空间科学实验与应用的条件。

天舟一号的飞行轨迹包括：通过火箭发射入轨，两天后与天宫二号空间实验室对接，形成组合体，进行两个月的在轨飞行，完成各项任务。撤离天宫二号，从另一侧与天宫二号对接。组合体再次分离，独立飞行三个月后，与天宫二号进行最后一次对接。再次分离后，进入大气层烧毁，陨落至预定海域。

“ཐེན་ཀྲིག་ཨང་རྟགས་དང་པོ”ནི་ཀྲུང་གོ་རང་བདག་ཞིབ་བཟོ་བྱས་པའི་ཐོག་འདྲེན་འཕུར་གྲུ་ཐོག་མ་ཡིན་ལ། རང་རྒྱལ་གྱི་མི་བཞུགས་དབྱིངས་སྐྱོད་བཟོ་སྐྲུན“གོམ་སྟབས་གསུམ”གྱི་འཐབ་ཇུས་འཆར་གཞིའི་ཁྲོད་ཀྱི“གོམ་སྟབས་གཉིས་པའི”མཇུག་བསྡུ་བའི་བཟོ་སྐྲུན་ཞིག་ཀྱང་ཡིན། 2017ལོའི་ཟླ4པའི་ཚེས20ཉིན་བདེ་ལྡག་དང་འཕེན་གཏོང་བྱས་པས་ཀྲུང་གོའི་དབྱིངས་སྐྱོད་བར་སྣང་ས་ཚིགས་ཀྱི་དུས་རབས་སུ་བསྐྱོད་པ་མཚོན་ཐུབ། དོན་དངོས་སུ། ཐེན་ཀྲིག་ཨང་རྟགས་གཉིས་པ་དང་ཨང་རྟགས་གསུམ་པའང་དེའི་རྗེས་མཐུད་དེ། 2021ལོའི་ཟླ5པའི་ཚེས29ཉིན་གྱི་དུས་ཚོད20དང་སྐར་མ55དང2021ལོའི་ཟླ9པའི་ཚེས20ཉིན་གྱི་དུས་ཚོད15དང་སྐར་མ10སྟེང་དུ་འཕེན་གཏོང་ལེགས་གྲུབ་བྱུང་བ་ཡིན་ནོ། །

ཐེན་ཀྲིག་ཨང་རྟགས་དང་པོར་ཞིབ་ཕྲའི་ལས་འགན་གསུམ་ཡོད་དེ། གཅིག་ནི་བར་སྣང་ས་ཚིགས་སུ་ཟད་གྲོན་སོང་བའི་སྐུལ་འདེད་རྫས་དང་ཕྱིར་ཤོར་བའི་མཁའ་རླུང་། བར་སྣང་ས་ཚིགས་ཉམས་གསོའི་སྒྲིག་ཆས་བརྗེས་ནས། བར་སྣང་ས་ཚིགས་ཀྱི་འཁོར་ལམ་འཕུར་སྐྱོད་དུས་ཡུན་ཇེ་རིང་དུ་གཏོང་བ་ཡིན། གཉིས་ནི་དབྱིངས་སྐྱོད་པའི་ལས་སྒྲུབ་དང་འཚོ་བའི་མཁོ་ཆས་སྐྱེལ་འདྲེན་བྱས་ཏེ། ཁོ་ཚོའི་ཡུན་རིང་སྡོད་རྒྱུ་དང་ལས་སྒྲུབ་འགན་སྲུང་བྱེད་པ་ཡིན། གསུམ་ནི་བར་སྣང་ས་ཚིགས་སྐྱེལ་འདྲེན་བྱེད་པར་མཁོ་བའི་སྒྲིག་ཆས་དང་མཁོ་ཆས་སྐྱེལ་འདྲེན་བྱས་ཏེ་བར་སྣང་ས་ཚིགས་ལ་གཞི་ཁྱོན་ཅུང་ཆེ་བའི་བར་སྣང་ཚན་རིག་ཚོད་ལྟ་དང་བེད་སྤྱོད་མཐུན་རྐྱེན་འཛོམས་པོ་ཡོང་བར་འགན་ལེན་བྱེད་པ་ཡིན།

ཐེན་ཀྲིག་ཨང་རྟགས་དང་པོའི་འཕུར་སྐྱོད་ཀྱི་བགྲོད་ལམ་ལ་མེ་ཤུགས་འཕུར་མདའ་བརྒྱུད་ནས་འཁོར་ལམ་དུ་འཕེན་གཏོང་བྱས་པ་དང་། ཉིན་གཉིས་ཀྱི་རྗེས་སུ་ཐེན་གོང་ཨང་རྟགས་གཉིས་པའི་བར་སྣང་ཚོད་ལྟ་ཁང་དང་སྦྲེལ་མཐུད་བྱས་ནས་སྦྲེལ་སྒྲིག་གཟུགས་སུ་གྲུབ་ཅིང་། ཟླ་བ་གཉིས་ཀྱི་རིང་ལ་འཁོར་ལམ་སྟེང་དུ་འཕུར་སྐྱོད་བྱས་ཏེ་ལས་འགན་རྣམས་ལེགས་གྲུབ་བྱས་པ་ཡིན། ཐེན་གོང་ཨང་རྟགས་གཉིས་པ་ནས་ཕྱིར་འཐེན་བྱས་མཐར་གཞོགས་གཞན་ཞིག་ནས་ཐེན་གོང་ཨང་རྟགས་གཉིས་པ་དང་སྦྲེལ་མཐུད་བྱས་ཡོད། སྦྲེལ་སྒྲིག་གཟུགས་སླར་ཡང་ཁ་གྱེས་ནས་ཁེར་རྐྱང་དུ་འཕུར་སྐྱོད་བྱས་ནས་ཟླ་བ་གསུམ་སོང་རྗེས། ཐེན་གོང་ཨང་རྟགས་གཉིས་པ་དང་མཐའ་མའི་སྦྲེལ་མཐུད་བྱས་ཤིང་། ཡང་བསྐྱར་ཁ་གྱེས་རྗེས་རླུང་ཁམས་ཆེན་མོའི་བང་རིམ་མེར་བསྲེགས་ཏེ་སྔོན་བཀོད་མཚོ་ཁོངས་སུ་ལྷུང་ངོ་། །

# 23 天宫一号
## ཐེན་ཀོང་ཨང་རྟགས་དང་པོ།

2013年夏，“天宫一号”与“神舟十号”实施了首次航天器绕飞交会试验，实现了我国首次载人航天应用性飞行，这标志着我国的飞船对接技术已经成熟，我国将就此进入空间站建设阶段。

天宫一号是中国第一个空间实验室，由实验舱和资源舱组成，全长10.4米，舱体最大直径3.35米，起飞质量8506公斤。其中，实验舱主要负责航天员工作、训练及生活，资源舱主要为飞行提供能源并控制飞行姿态。它于2011年发射升空，先后与神舟八号、神舟九号和神舟十号飞船完成多次空间交会对接，为中国载人航天发展做出了重大贡献。然后，它按预定计划于2018年4月2日再入大气层销毁。

天宫一号的主要任务至少包括三方面：一是保障航天员在轨短期驻留期间的安全生活和工作；二是进行对地遥感、空间环境和空间物理探测、航天医学及空间技术等空间科学实验；三是初步建立短期载人、长期无人独立可靠运行的空间实验平台，为下一步建造空间站积累经验。

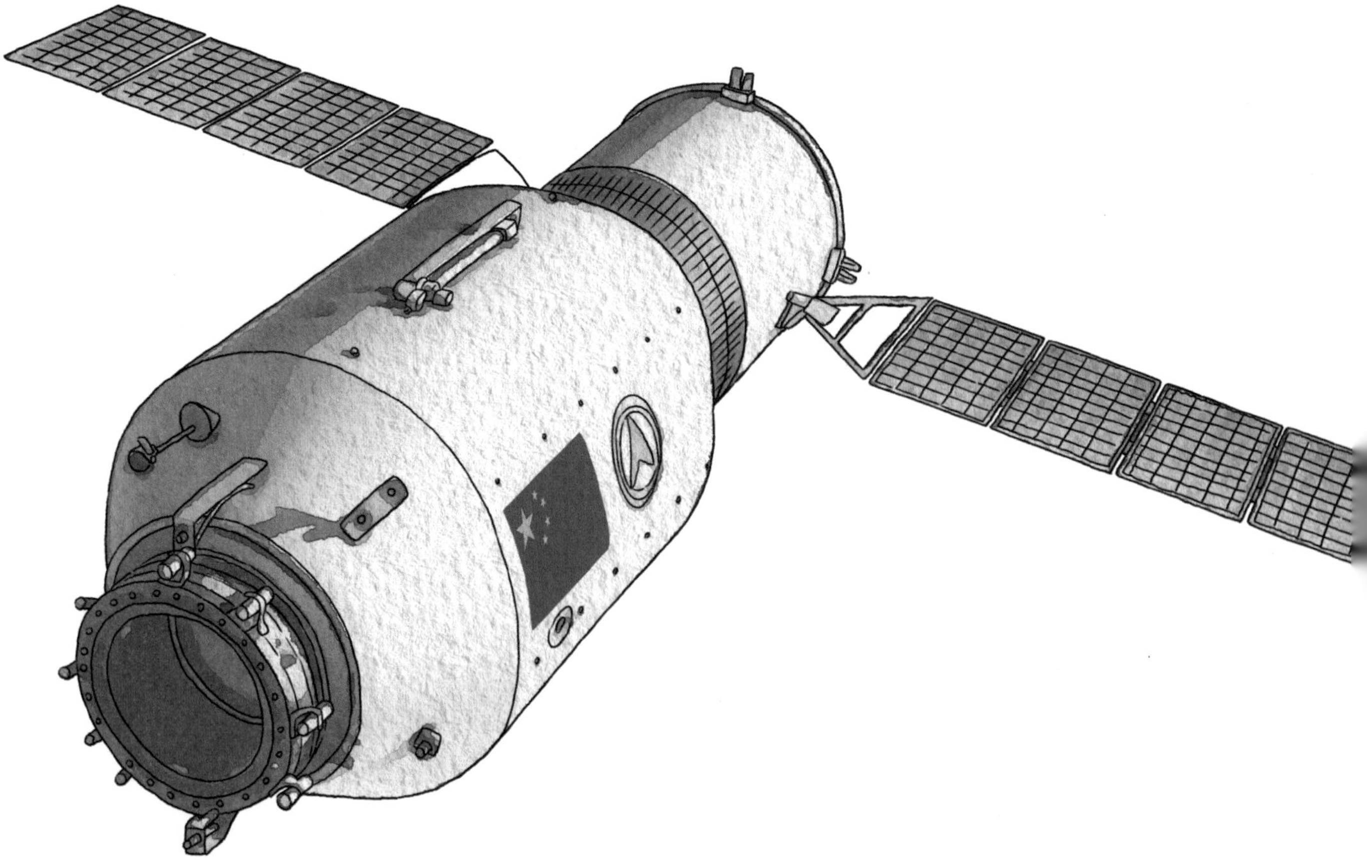

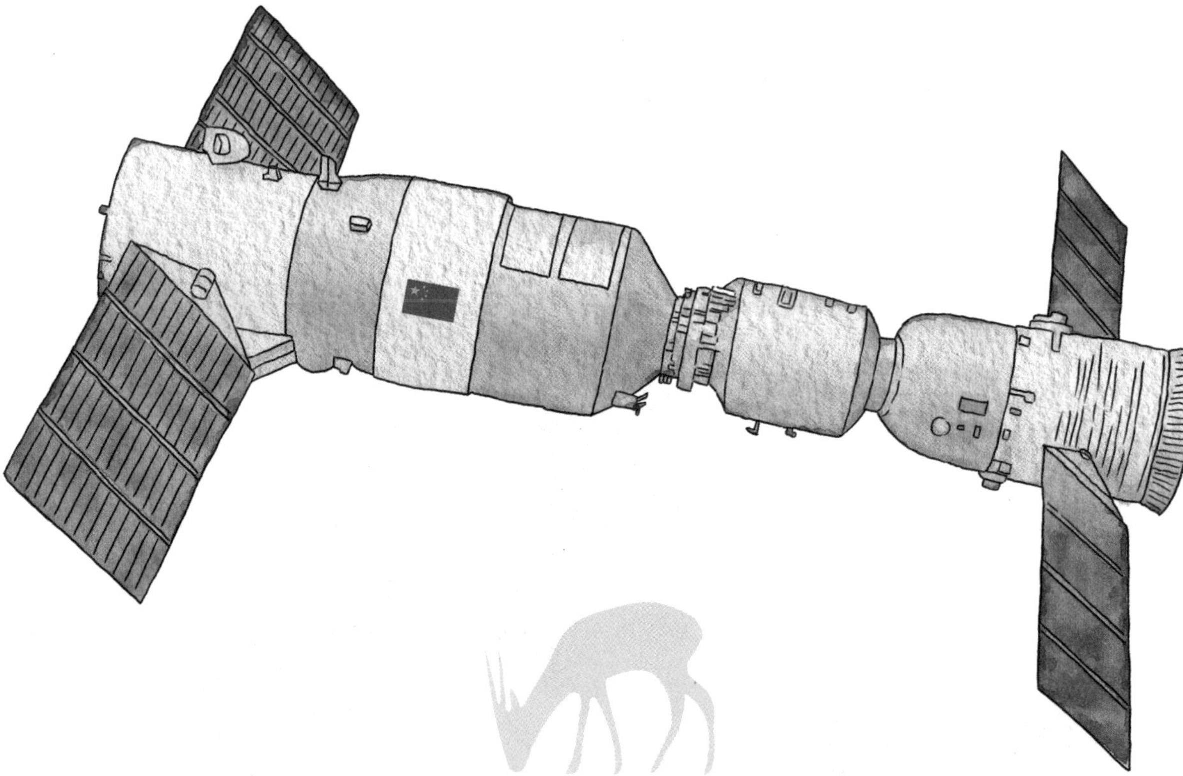

2013ལོའི་དབྱར་ཁར། “ཐེན་གོང་ཨང་རྟགས་དང་པོ”དང“ཧྲིན་ཀྲིག་ཨང་རྟགས་བཅུ་པ”གཉིས་ཀྱིས་དབྱིངས་སྐྱོད་འཕྲུལ་ཆས་ཀྱི་སྐོར་འཕུར་སྐོལ་འདུའི་ཚོད་ལྟ་ཐེངས་དང་པོ་བྱས་པས། རང་རྒྱལ་གྱི་མི་བཞུགས་དབྱིངས་སྐྱོད་ཀྱི་བཀོལ་སྤྱོད་རང་བཞིན་གྱི་འཕུར་སྐྱོད་ཐེངས་དང་པོར་མངོན་འགྱུར་བྱུང་ཞིང་། རང་རྒྱལ་གྱི་འཕུར་གྲུ་སྦྲེལ་མཐུད་ལག་རྩལ་བྱང་ཆུབ་པ་དང་རང་རྒྱལ་བར་སྣང་ས་ཚིགས་འཛུགས་སྐྲུན་གྱི་དུས་མཚམས་སུ་སླེབས་པ་མངོན་པར་མཚོན་ནོ། །

ཐེན་གོང་ཨང་རྟགས་དང་པོ་ནི་ཀྲུང་གོའི་བར་སྣང་ཚོད་ལྟ་ཁང་ཐོག་མ་ཡིན་ཞིང་། དེ་ནི་ཚོད་ལྟའི་གྲུ་ཤག་དང་ཐོན་ཁུངས་གྲུ་ཤག་ལས་གྲུབ་པ་དང་། རིང་ཚད་ཧྲིལ་པོར་སྨི10.4དང་གྲུ་ཤག་གི་ཚངས་ཐིག་ཆེ་ཤོས་ལ་སྨི3.35 འཕུར་དུས་ལྗིད་ཚད་ཀྱི་ཀྲ8506ཡོད། དེའི་ཁྲོད་ཀྱི་ཚོད་ལྟའི་གྲུ་ཁང་གིས་གཙོ་བོར་དབྱིངས་སྐྱོད་པའི་ལས་སྒྲུབ་དང་སྤྱོད་བཏར། འཚོ་བ་བཅས་ལ་འགན་འཁུར་བ་དང་། ཐོན་ཁུངས་གྲུ་ཤག་གིས་གཙོ་བོར་འཕུར་སྐྱོད་ལ་ནུས་རྒྱུ་མཁོ་འདོན་བྱེད་ཅིང་དུས་མཚུངས་སུ་འཕུར་སྐྱོད་ཀྱི་བཟོ་ལྟ་ཚོད་འཛིན་བྱེད་པ་ཡིན། དེ་ཉིད2011ལོར་མཁའ་དབྱིངས་སུ་འཕེན་གཏོང་བྱས་པ་དང་། སྔ་རྗེས་སུ་ཧྲིན་ཀྲིག་ཨང་རྟགས་བརྒྱད་པ་དང་ཧྲིན་ཀྲིག་ཨང་རྟགས་དགུ་པ། ཧྲིན་ཀྲིག་ཨང་རྟགས་བཅུ་པ་བཅས་ཀྱི་འཕུར་གྲུ་དང་བར་སྟོང་སྐོལ་འདུ་སྦྲེལ་མཐུད་ཐེངས་མང་བྱས་ཏེ། ཀྲུང་གོའི་མི་བཞུགས་དབྱིངས་སྐྱོད་འཕེལ་རྒྱས་ལ་བྱས་རྗེས་གལ་ཆེན་བཞག་ཡོད། དེ་རྗེས་སུ། འདི་ཉིད་སྟོན་བཀོད་འཆར་གཞི་ལྟར2018ལོའི་ཟླ4པའི་ཚེས2ཉིན་སླར་ཡང་རླུང་ཁམས་ཆེན་པོའི་ནང་རིམ་དུ་བསྐྱོད་དེ་བརླག་པ་ཡིན།

ཐེན་གོང་ཨང་རྟགས་དང་པོའི་ལས་འགན་གཙོ་བོར་ལུང་མཐར་ཡང་ཕྱོགས་གསུམ་ཙམ་ཡོད་པ་སྟེ། གཅིག་ནི་དབྱིངས་སྐྱོད་པ་འཁོར་ལམ་དུ་དུས་ཐུང་སྡོད་པའི་དུས་སྐབས་ཀྱི་འཚོ་བའི་བདེ་འཇགས་དང་ལས་ཀ་འགན་ལེན་བྱེད་པ་དང་། གཉིས་ནི་ས་ངོས་རྒྱང་ཚོར་དང་། བར་སྟོང་ཁོར་ཡུག་དང་བར་སྣང་དངོས་ལུགས་རྩོམ་འཇལ། དབྱིངས་སྐྱོད་གསོ་རིག་དང་བར་སྣང་ལག་རྩལ་སོགས་བར་སྣང་ཚན་རིག་ཚོད་ལྟ་བྱེད་པ་ཡིན། གསུམ་ནི་དུས་ཡུན་ཐུང་ངུར་མི་བཞུགས་དང་ཡུན་རིང་ལ་མི་མེད་རང་ཚུགས་དང་གློས་འགེལ་ཆོག་པའི་བར་སྣང་ཚོད་ལྟའི་ལས་སྟེགས་འཛུགས་རྒྱུར་སྔ་གོན་བྱས་ཏེ། ཞོམ་སྟབས་རྗེས་མར་བར་སྣང་ས་ཚིགས་བསྐྲུན་རྒྱུར་ཉམས་མྱོང་གསོག་འཇོག་བྱེད་པ་ཡིན་ནོ། །

# 24 天宫二号

# ཐེན་ཀོང་ཡང་རྟགས་གཉིས་པ།

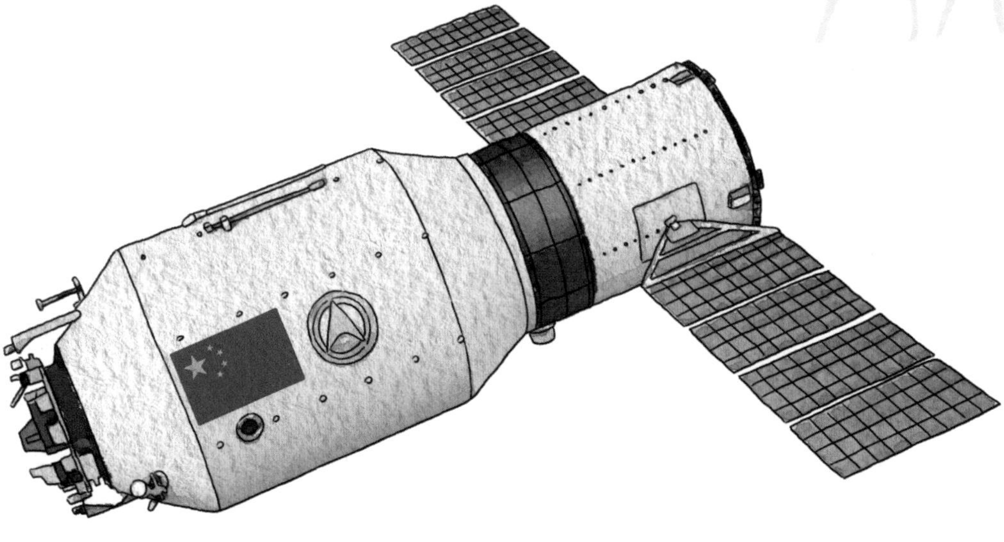

“天宫二号”是中国载人航天工程发射的第二个目标飞行器，是首个真正意义上的空间实验室。它于2016年9月15日发射升空，2019年7月16日终止数据服务，并在三天后受控离轨并再入大气层，落入南太平洋预定安全海域。此次成功为中国后续空间站的建造和运营奠定了坚实基础，积累了宝贵经验。

天宫二号是空间实验室阶段的主要飞行器之一，先后与神舟十一号和天舟一号圆满完成了对接任务。它的主要任务是验证空间站的若干关键功能，比如，考核验证航天员的中期驻留、推进剂补加和在轨维修等。此外，它还会开展几个空间科学实验和空间应用实验，以及航天医学实验。

与天宫一号相比，天宫二号的技术创新主要有三：一是，成功地大幅度“减肥”，使结构重量降低了约20%；二是，“使用面积”增大，采用了直径大于3米的薄壁飞船结构，同时改进了降噪技术，让飞船内更安静；三是，增强了热控系统的适应能力，实现了热控设备在轨故障的自主诊断、隔离和处置等。

"ཐེན་ཀོང་ཨང་རྟགས་གཉིས་པ"ནི་ཀྲུང་གོའི་མི་བཞུགས་དབྱིངས་སྐྱོད་བཟོ་སྐྲུན་འཕེན་གཏོང་བྱས་པའི་དམིགས་ཚད་འཕུར་སྐྱོད་འཕྲུལ་ཆས་ཨང་གཉིས་པ་ཡིན་ཞིང་། དོན་དངོས་སྟེང་གི་བར་སྣང་ཚོད་ལྟ་ཁང་ཐོག་མ་འདང་ཡིན། དེ་ཉིད2016ལོའི་ཟླ9པའི་ཚེས15ཉིན་འཕེན་གཏོང་བྱས་པ་དང་། 2019ལོའི་ཟླ7པའི་ཚེས16ཉིན་གྲངས་གཞིའི་ཞབས་ཞུ་མཚམས་འཇོག་བྱས་ཤིང་། དུས་མཚུངས་སུ་ཉིན་གསུམ་གྱི་རྗེས་སུ་ཚོད་འཛིན་ཐོག་ནས་འཁོར་ལམ་ལ་བྲལ་བ་དང་རླུང་ཁམས་ཆེན་པོའི་བང་རིམ་དུ་བསྐྱོད་དེ། ལྷོ་ཞི་བདེ་རྒྱ་མཚོ་ཆེན་མོའི་སྟོན་བཀོད་བདེ་འཛགས་མཚོ་ཁོངས་སུ་ལྷུང་བ་ཡིན། ཐེངས་འདིར་ཀྲུང་གོའི་རྗེས་མཐུད་བར་སྣང་ས་ཚིགས་བསྐྲུན་པ་དང་གཉེར་སྐྱོང་ལ་རྨང་གཞི་བརྟན་པོ་བཏིང་བར་མ་ཟད། རྩ་ཆེའི་ཉམས་མྱོང་ཡང་བསགས་ཡོད།

ཐེན་ཀོང་ཨང་རྟགས་གཉིས་པ་ནི་བར་སྣང་ཚོད་ལྟ་ཁང་དུས་མཚམས་ཀྱི་འཕུར་སྐྱོད་འཕྲུལ་ཆས་གཙོ་བོའི་གྲས་ཤིག་ཡིན་པ་དང་། སྔ་རྗེས་སུ་ཧྲིན་ཀྲིག་ཨང་རྟགས་བཅུ་གཅིག་པ་དང་ཐེན་ཀྲིག་ཨང་རྟགས་དང་པོར་སྦྲེལ་མཐུད་ལས་འགན་ལེགས་གྲུབ་བྱུང་ཡོད། དེའི་ལས་འགན་གཙོ་བོ་ནི་བར་སྣང་ས་ཚིགས་ཀྱི་འགག་རྩའི་ནུས་པ་དུ་མ་ར་སྤྲོད་བྱེད་པ་སྟེ། དཔེར་ན། དབྱིངས་སྐྱོད་པའི་དུས་དཀྱིལ་གྱི་བཅའ་སྡོད་དང་སྐྱེལ་འདྲེན་རྫས་ཁ་གསབ། འཁོར་ལམ་ཉམས་གསོ་སོགས་ལ་དཔྱད་ཞིབ་དང་ར་སྤྲོད་བྱེད་པ་ཡིན། གཞན་ཡང་། དེས་ད་དུང་བར་སྣང་ཚན་རིག་ཚོད་ལྟ་དང་བར་སྟོང་བཀོལ་སྤྱོད་ཚོད་ལྟ་འགའ་དང་། དེ་བཞིན་དབྱིངས་སྐྱོད་གསོ་རིག་ཚོད་ལྟ་བྱེད་པ་ཡིན།

ཐེན་ཀོང་ཨང་རྟགས་དང་པོ་དང་བསྡུར་ན། ཐེན་ཀོང་ཨང་རྟགས་གཉིས་པའི་ལག་རྩལ་ལ་གསར་གཏོད་གཙོ་བོ་གསུམ་ཡོད་དེ། གཅིག་ནི་གྲུབ་འབྲས་ཐོབ་པའི་སྒོ་ནས"རྗེ་ཆུང"དུ་བཏང་སྟེ་སྒྲིག་གཞིའི་ལྗིད་ཚད20%ཙམ་རྗེ་དམའ་རུ་ཕྱིན་པ། གཉིས་ནི"བེད་སྤྱོད་རྒྱ་ཁྱོན"རྗེ་ཆེར་སོང་སྟེ། ཚངས་ཐིག་སྒྲི3ལས་ཆེ་བའི་རྩིག་སྒྲུབ་འཕུར་གྲུའི་སྒྲིག་གཞི་སྦྲུད་པ་དང་། དུས་མཚུངས་སུ་འཛོར་སྒྲ་གཅོག་པའི་ལག་རྩལ་ལེགས་བཅོས་བྱས་ཏེ། འཕུར་གྲུའི་ནང་ཁུལ་སྔར་ལས་སྙིང་འཛགས་སུ་བཏང་། གསུམ་ནི་ཚ་བ་ཚོད་འཛིན་མ་ལག་གི་འགྲོད་ནུས་རྗེ་ཆེར་ཕྱིན་ཏེ། ཚ་བ་ཚོད་འཛིན་སྒྲིག་ཆས་ནི་འཁོར་ལམ་སྟེང་དུ་སྐྱོན་ཤོར་བའི་དུས་སུ་རང་བདག་བརྟག་དཔྱད་དང་ཟུར་འཇོག ཐག་གཅོད་སོགས་མངོན་འགྱུར་བྱུང་ཡོད།

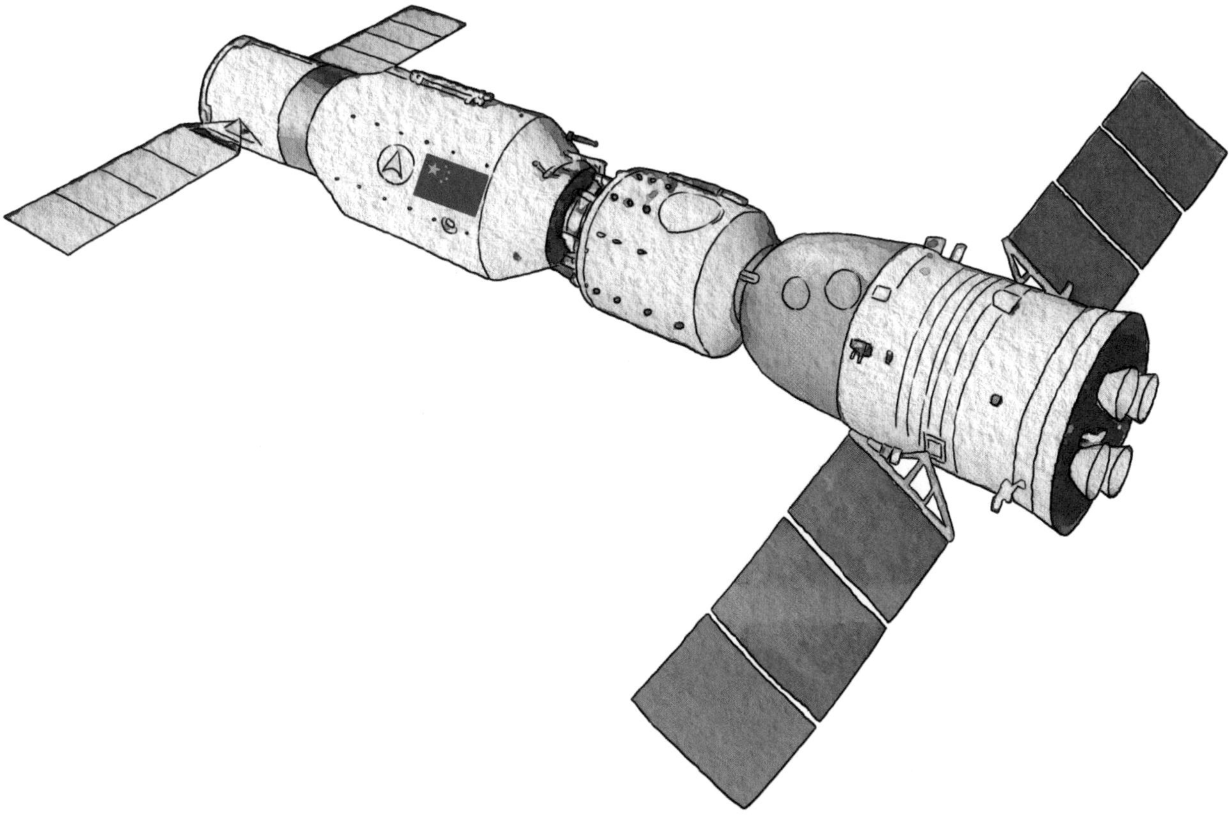

# 25 7米分辨率全月影像图

## སྨི7དབྱེ་འབྱེད་ཚད་ཀྱི་ཟླ་བ་ཧྲིལ་པོའི་གཟུགས་བརྙན་རི་མོ།

2012年2月6日，我国公布了嫦娥二号月球探测器获得的7米分辨率、100%覆盖全月球表面的全月球影像图，还原了月球表面的真实地形地貌，其分辨率、影像质量等都优于国际同类影像。

此次全月图的制作，依靠的是嫦娥二号自2010年10月24日至2011年5月20日间，分别从100公里和15公里环月轨道获取的607幅轨月球影像数据。其分幅影像图共有746幅，总数据量约为800GB。

中国为什么能获得如此高分辨率的影像呢?

一方面，这主要归功于中国探月计划中的第二颗绕月人造卫星“嫦娥二号”。因为与“嫦娥一号”相比，嫦娥二号的主要优势之一便是它的影像分辨率由120米提高到7米，数据量增加了300倍。

另一方面，在原始影像数据基础上，又进行了辐射校正、光度校正等处理，并根据探测器轨道和姿态进行影像数据的几何校正，最终还原了真实月貌。随后，再进行影像匹配、分幅和镶嵌，直到最后形成全月影像图。

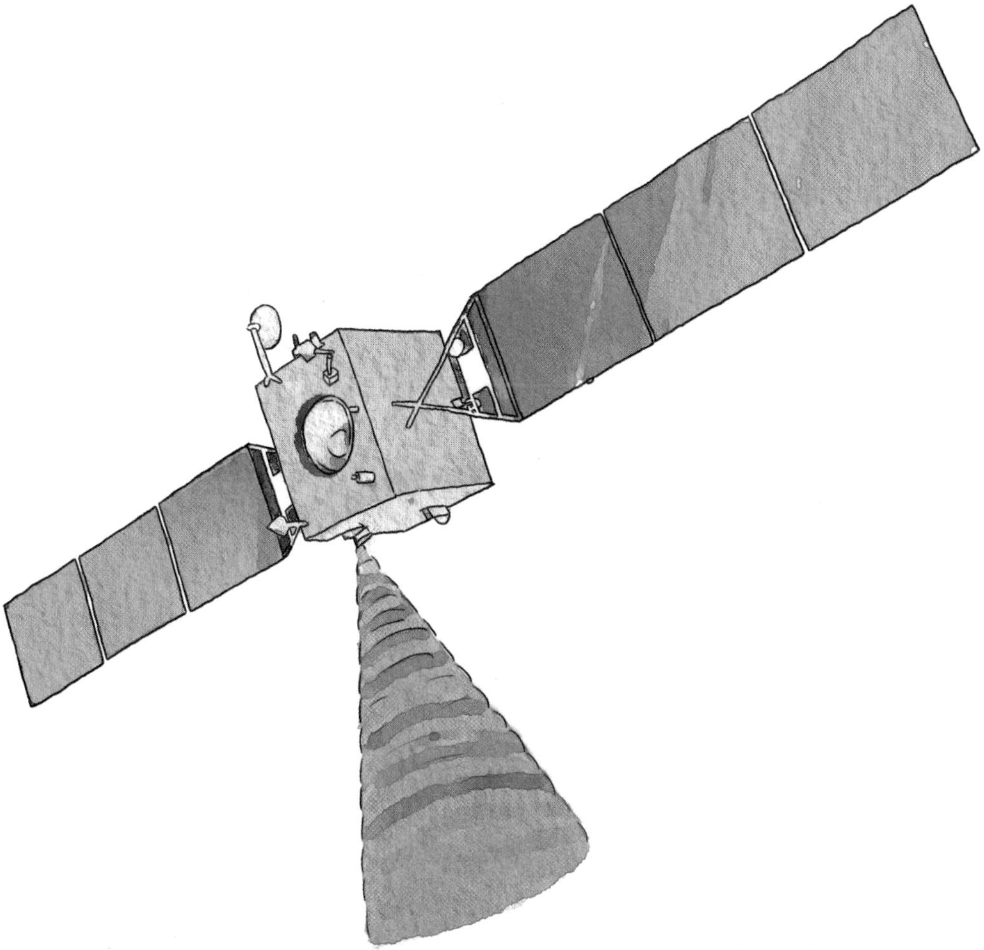

2012ལོའི་ཟླ2པའི་ཚེས6ཉིན། རང་རྒྱལ་གྱིས་ཁྲང་ཨོའུ་ཨང་རྟགས་གཉིས་པའི་ཟླ་བའི་གོ་ལའི་རྟོག་འཇལ་ཡོ་ཆས་ཀྱི་ཐོབ་པའི་སྨི7དབྱེ་འབྱེད་ཚད་དང100%ཟླ་བའི་གོ་ལའི་ཕྱི་ངོས་ཡོངས་སུ་ཁྱབ་པའི་ཟླ་བ་རྡིལ་པོའི་གཟུགས་བརྙན་རི་མོ་ཡོངས་བསྒྲགས་བྱས་ཏེ། ཟླ་བའི་གོ་ལའི་ཕྱི་ངོས་ཀྱི་ས་དབྱིབས་ངོ་མ་སྣར་གསོ་བྱས། དེའི་དབྱེ་འབྱེད་ཚད་དང་བརྙན་པར་ཕྱུས་ཚད་སོགས་ཚང་མ་རྒྱལ་སྤྱིའི་རིགས་གཅིག་པའི་གཟུགས་བརྙན་ལས་ལེགས་པའོ། །

ཐེངས་འདིའི་ཟླ་བ་རྡིལ་པོའི་རི་མོ་བཟོས་པ་ནི། ཁྲང་ཨོའུ་ཨང་རྟགས་གཉིས་པས2010ལོའི་ཟླ10པའི་ཚེས24ཉིན་ནས2011ལོའི་ཟླ5པའི་ཚེས20ཉིན་བར་དུ། སོ་སོར་སྤྱི་ལེ100དང་སྤྱི་ལེ15ཡི་ཟླ་སྐོར་འཁོར་ལམ་ནས་ཐོབ་པའི་འཁོར་ལམ་གྱི་ཟླ་བའི་གོ་ལའི་གཟུགས་བརྙན་གཞི་གྲངས607ལ་བརྟེན་པ་ཡིན། དེའི་འདྲ་པར་རི་མོ་ཁྱོན་བསྡོམས746ཡོད་པ་དང་། སྤྱིའི་གཞི་གྲངས་ཀྱི་ཚད་ནི་ཏ་ལམ800GBཡིན།

ཀྱང་གོས་དབྱེ་འབྱེད་ཚད་མཐོ་བའི་གཟུགས་བརྙན་ཇི་ལྟར་ཐོབ་པ་ཡིན་ནམ་ཞེ་ན།

ཕྱོགས་གཅིག་ནས་འདི་ནི་གཙོ་བོ་ཀྱང་གོའི་ཟླ་དཔྱད་འཆར་གཞིའི་ནང་གི་ཟླ་སྐོར་མིས་བཟོས་སྲུང་སྐར་གཉིས་པ་སྟེ“ཁྲང་ཨོའུ་ཨང་རྟགས་གཉིས་པ”ལ་བརྟེན་ནས་ཐོབ་པ་ཡིན། དེའི་རྒྱུ་མཚན་ནི“ཁྲང་ཨོའུ་ཨང་རྟགས་དང་པོ”དང་བསྡུར་ན། ཁྲང་ཨོའུ་ཨང་རྟགས་གཉིས་པའི་ལེགས་ཆ་གཙོ་བོའི་གྲས་ཤིག་ནི། དེའི་བརྙན་པར་དབྱེ་འབྱེད་ཚད་སྨི120ནས་ཇེ་མཐོར་ཕྱིན་པ་སྨི7བར་སླེབས་པ་དང་གྲངས་གཞིའི་ཚད་ལྷབ300འཕར་ཡོད།

ཕྱོགས་གཞན་ཞིག་ནས། གདོང་མའི་གཟུགས་བརྙན་གཞི་གྲངས་ཀྱི་རྩང་གཞིའི་སྟེང་དུ། འགྱེད་འཁྱོ་དག་བཅོས་དང་འོད་ཚད་དག་བཅོས་སོགས་ཐག་གཅོད་བྱས་པར་མ་ཟད། རྟོག་འཇལ་ཡོ་ཆས་ཀྱི་འཁོར་ལམ་དང་རྣམ་འགྱུར་ལ་གཞིགས་ཏེ། གཟུགས་བརྙན་གཞི་གྲངས་ཀྱི་དབྱིབས་རྩིས་དག་བཅོས་བྱས་མཐར་ཟླ་བའི་རྣམ་པ་ངོ་མ་སྣར་གསོ་བྱས་ཡོད། དེ་རྗེས་སླར་ཡང་གཟུགས་བརྙན་སྒྲོམ་སྒྲིག་དང་ཁ་རིས་དབྱེ་བ། ཕྲ་བརྐྱབ་པ་བཅས་བྱས་ཏེ་མཇུག་མཐར་ཟླ་བ་རྡིལ་པོའི་གཟུགས་བརྙན་རི་མོ་གྲུབ་པ་ཡིན་ནོ། །

# 26 新一代大推力火箭
## རབས་གསར་བའི་འདེད་ཤུགས་ཆེ་བའི་མེ་ཤུགས་འཕུར་མདའ།

据2012年7月29日的《光明日报》报道，我国新一代大推力120吨液氧煤油火箭试车成功，从而使我国成为全球第二个完全掌握液氧煤油高压补燃循环液体火箭核心技术的国家，必将加快我国从航天大国迈向航天强国的步伐。

原来，从某种程度上说，探索太空的能力，主要取决于火箭推力，或者说发展航天，动力在先。此前我国使用的火箭单台推力在70吨左右，对应火箭的运载能力约为9吨，已不能满足高速发展的航天需求，急待研制新一代更大推力的火箭。今后若采用这一新型火箭，中国运载火箭的能力将提高60%以上，对应火箭的运载能力也将是原来的3倍。

与我国现役火箭相比，该新火箭采用了不同的推进剂和循环方式，在涡轮功率、最高压力、推进剂流量等设计参数方面也提高了数倍，在推力吨位等性能方面更有大幅提高。此外，与常规火箭相比，新火箭的优点还包括环保、无污染，易于存贮和运输，且比常规火箭推进剂便宜60%，不仅可靠性高还可重复使用等。

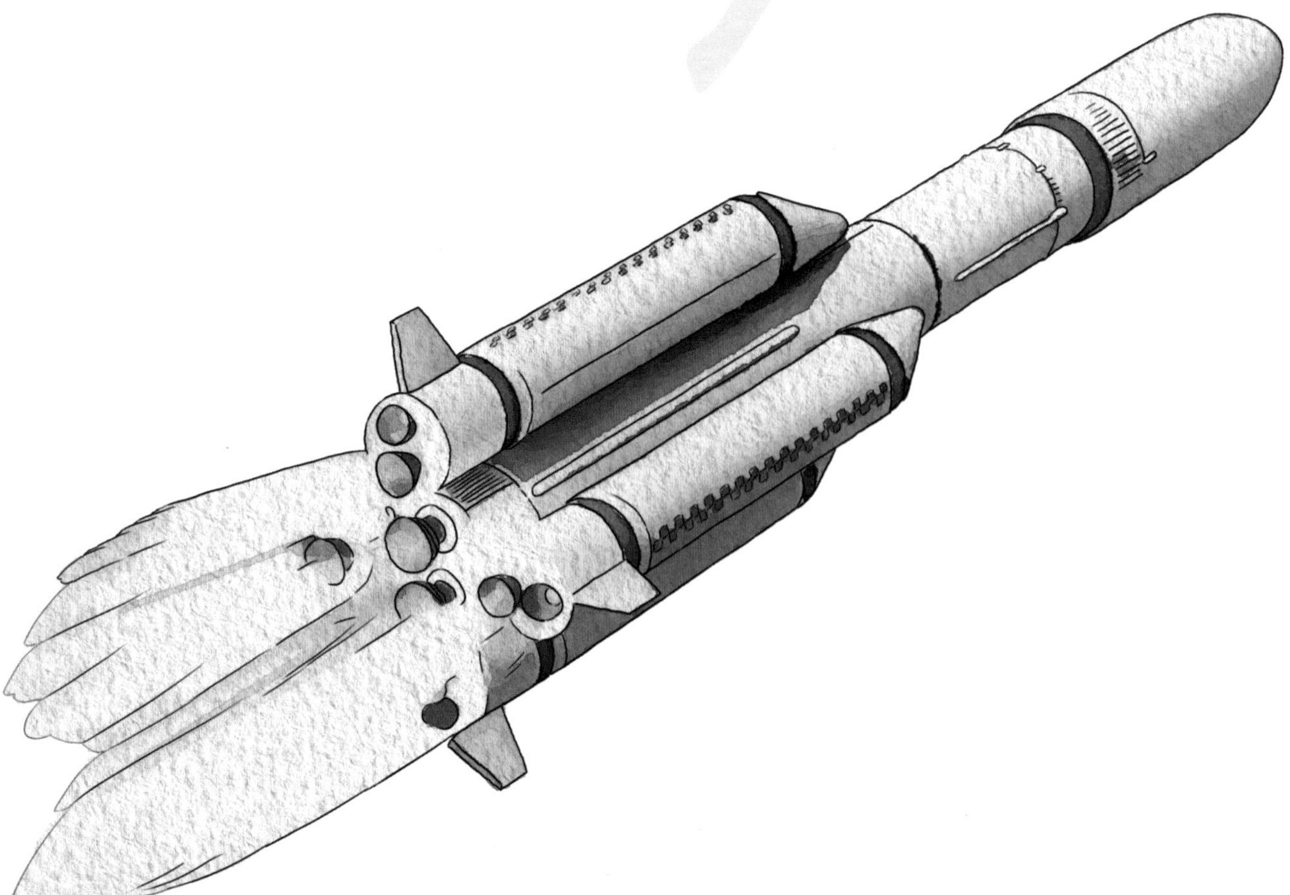

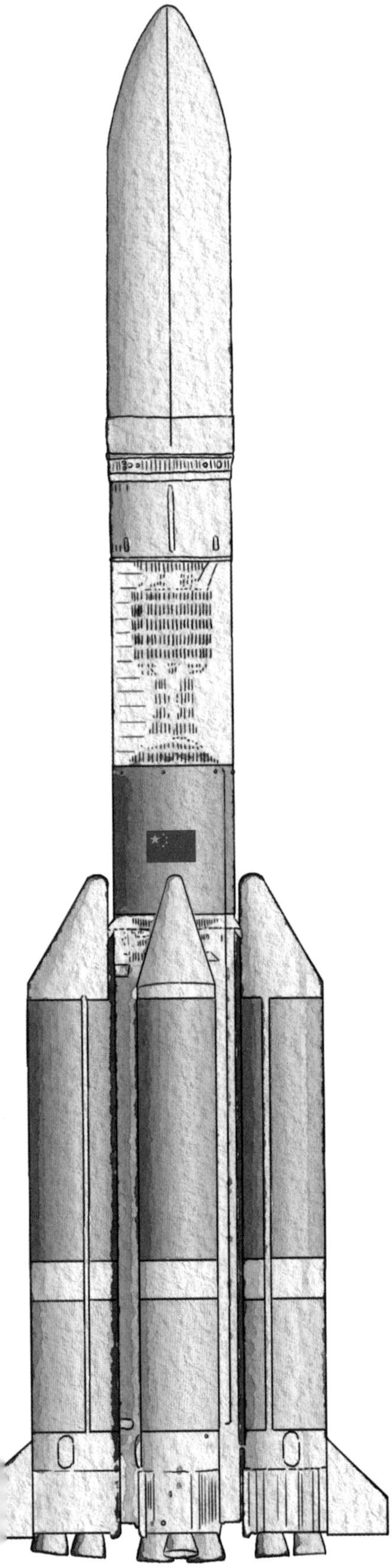

2012ལོའི་ཟླ7པའི་ཚེས29ཉིན་གྱི《཈ོང་མིན་ཉིན་རེའི་ཚགས་པར》སྟེང་དུ་སྤེལ་བའི་གནས་ཚུལ་ལྟར་ན། རང་རྒྱལ་གྱི་རབས་གསར་བའི་འདེད་ཤུགས་ཆེན་པོ་ཏུན120ཡོད་པའི་གཤེར་དབྱུང་སོལ་སྣུམ་མེ་ཤུགས་འཕུར་མདའི་ཚོད་ལྟའི་རླངས་འཁོར་ལེགས་གྲུབ་བྱུང་བས། རང་རྒྱལ་ནི་འཛམ་གླིང་སྟེང་ཐོག་མ་ཡིན་པའི་གཤེར་དབྱུང་སོལ་སྣུམ་གྱི་མཐོ་གནོན་གསབ་སྦྱོར་འཁོར་རྒྱུག་གཤེར་གཟུགས་མེ་ཤུགས་འཕུར་མདའི་དཀྱིལ་སྙིང་ལག་རྩལ་ཡོངས་སུ་ཁོང་དུ་ཆུད་པའི་རྒྱལ་ཁབ་ཨང་གཉིས་པར་གྱུར་པ་མངོན་པར་མཚོན་ཞིང་། རང་རྒྱལ་ནི་མཁའ་སྐྱོད་རྒྱལ་ཁབ་ཆེན་པོ་དང་མཁའ་སྐྱོད་སྟོབས་ལྡན་རྒྱལ་ཁབ་ཏུ་འགྱུར་བའི་གོམ་སྟབས་ཇེ་མགྱོགས་སུ་བཏང་ཡོད།

དོན་དངོས་སུ་ཚད་ངེས་ཅན་ཞིག་གི་སྟེང་ནས་བཤད་ན། བར་སྣང་འཚོལ་ཞིབ་བྱེད་པའི་ནུས་པ་ནི་གཙོ་བོར་མེ་ཤུགས་འཕུར་མདའི་འདེད་ཤུགས་ལ་རག་ལས་ཡོད་པའམ། ཡང་ན་མཁའ་སྐྱོད་འཕེལ་རྒྱས་སུ་གཏོང་བ་དང་སྐྱེལ་ཤུགས་ལ་རག་ལས་པ་ཡིན། ཡར་སྔོན་རང་རྒྱལ་གྱིས་སྤྱོད་པའི་མེ་ཤུགས་འཕུར་མདའི་སྟེགས་བུ་རྒྱང་པའི་འདེད་ཤུགས་ཏུན70ཡས་མས་ཙམ་ཡིན་པ་དང་། སྔོས་ཟླའི་མེ་ཤུགས་འཕུར་མདའི་སྐྱེལ་འདྲེན་ནུས་པ་ཏུན9ཙམ་ལས་མེད། མགྱོགས་མྱུར་ངང་འཕེལ་རྒྱས་སུ་འགྲོ་བཞིན་པའི་དབྱིངས་སྐྱོད་དགོས་མཁོར་སྐོང་མི་ཐུབ་པས། འདེད་ཤུགས་སྔར་ལས་ཆེ་བའི་མེ་ཤུགས་འཕུར་མདའ་རབས་གསར་བ་ཞིབ་བཟོ་བྱེད་པར་རེ་སྨུག་བྱས་ཡོད། ཇེས་སྦྱོགས་མེ་ཤུགས་འཕུར་མདའ་རབས་གསར་བ་འདི་རིགས་སྤྱད་ན། གྲུང་གོའི་སྐྱེལ་འདྲེན་མེ་ཤུགས་འཕུར་མདའི་ནུས་པ60%ཡན་ཇེ་མཐོར་འགྲོ་བ་དང་། སྔོས་ཟླའི་མེ་ཤུགས་འཕུར་མདའི་སྐྱེལ་འདྲེན་ནུས་པའང་སྔོན་ཆད་དང་བསྡུར་ན་ལྡབ3ཇེ་མཐོར་འགྲོ་བ་ཡིན།

རང་རྒྱལ་གྱི་དངོས་ཞབས་མེ་ཤུགས་འཕུར་མདའ་དང་བསྡུར་ན། མེ་ཤུགས་འཕུར་མདའ་རབས་གསར་བ་འདི་ཉིད་ཀྱིས་སྐྱེལ་འདེད་རྫས་དང་འཁོར་རྒྱུག་བྱེད་སྟངས་མི་འདྲ་བ་སྤྱད་ཡོད་དེ། སྒྲོ་གཞོག་ཤུགས་ཚད་དང་གནོན་ཤུགས་ཆེ་ཤོས། སྐྱེལ་འདེད་རྫས་ཀྱི་རྒྱུག་ཚད་སོགས་འཆར་འགོད་དཔྱད་གྲངས་ཀྱང་ལྡབ་ཁ་ཤས་ཀྱི་ཇེ་མཐོར་ཕྱིན་ཏེ། འདེད་ཤུགས་ཏུན་གྲངས་སོགས་ཀྱི་ནུས་པ་སྔར་ལས་ཇེ་མཐོར་སོང་ཡོད། གཞན་ཡང་རྒྱུན་གཏན་གྱི་མེ་ཤུགས་འཕུར་མདའ་དང་བསྡུར་ན། མེ་ཤུགས་འཕུར་མདའ་གསར་བའི་དགེ་མཚན་ཁྲིད་དུ་ཁོར་ཡུག་སྲུང་སྐྱོབ་བྱེད་པ་དང་སྡུགས་བཙོག་མེད་པ། གསོག་ཉར་དང་སྐྱེལ་འདྲེན་བྱེད་སླ་བ། རྒྱུན་གཏན་གྱི་མེ་ཤུགས་འཕུར་མདའི་སྐྱེལ་འདེད་རྫས་ལས་རིན་གོང60%དམའ་བ། ཀློས་འགེལ་ཆོག་པའི་རང་བཞིན་མཐོ་བར་མ་ཟད་ཡང་བསྐྱར་བེད་སྤྱོད་བྱེད་ཆོག་པ་སོགས་ཀྱང་ཚུད་ཡོད་དོ། །

# 27 C919大型客机

## C919འཕྲུལ་སྐྱེལ་གནམ་གྲུ་ཆེན་མོ།

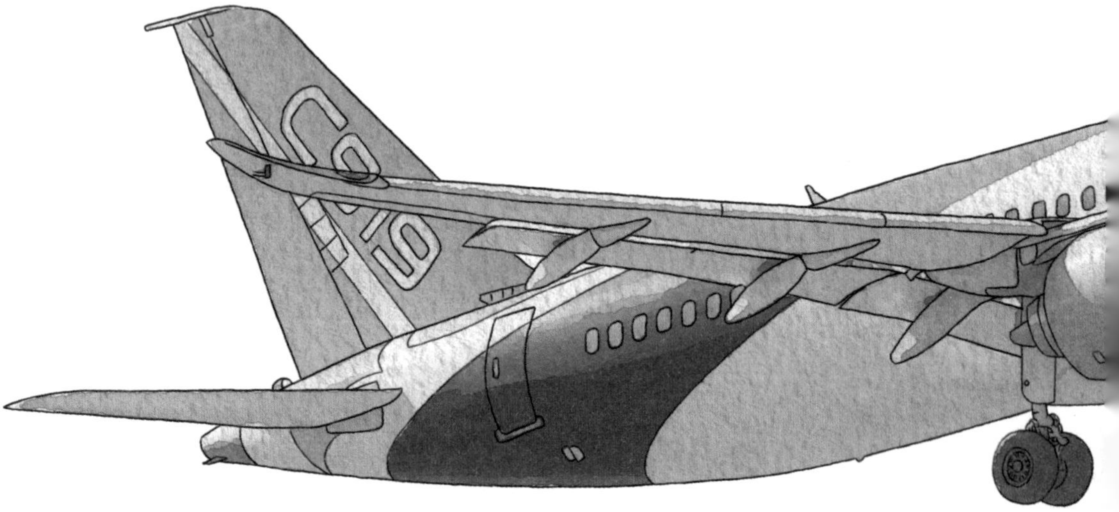

2021年1月，在经历了20天严格测试后，C919大型客机高寒试飞专项任务取得圆满成功，试飞期间最低气温已近零下40摄氏度。2021年3月1日，正式签署首批5架C919销售合同。至此，我国首款完全按照国际先进适航标准研制的单通道大型干线客机终于诞生了。该机具有我国完全自主知识产权，最大航程超过5500公里，性能与国际新一代主流单通道客机相当，充分体现了国家意志。

该飞机具有如下技术优势：采用了先进的气动布局等技术，达到了好于现役同类飞机的巡航气动效率；采用了先进发动机，降低了油耗、噪声和排放；采用了先进的结构设计和材料，减轻了飞机重量；采用了先进的主动控制技术，提高了飞机综合性能；采用了先进的综合技术，减轻了飞行员负担，提高了导航性能；采用了先进的客舱设计技术，提高了舒适性；采用了先进的维修技术，降低了维修成本。

2021ལོའི་ཟླ1པར། ཉིན20རིང་ལ་ཚོད་ལྟ་ནན་མོར་བྱས་རྗེས། C919འགྲུལ་སྐྱེལ་གནམ་གྲུ་ཆེན་མོའི་མཐོ་གྲང་ཚོད་ལྟའི་འཕུར་སྐྱོད་ཀྱི་ཆེད་དོན་ལས་འགན་ཕུན་སུམ་ཚོགས་པོའི་ངང་ལེགས་གྲུབ་བྱུང་བ་དང་། ཚོད་འཕུར་བྱེད་པའི་དུས་སྐབས་སུ་དྲོད་ཚད་དམའ་ཤོས་ཧྲེ་ཧྲི་ཌུ40ཙམ་ཡིན། 2021ལོའི་ཟླ3པའི་ཚེས1ཉིན། ཐོག་མའི C919འགྲུལ་སྐྱེལ་གནམ་གྲུ5ལ་ཕྱིར་འཚོང་གན་རྒྱའི་མིང་རྟགས་དངོས་སུ་བཀོད། དུས་དེ་ནས་བཟུང་། རང་རྒྱལ་གྱིས་རྒྱལ་སྤྱིའི་སྔོན་ཐོན་མཁའ་སྐྱོད་དང་འཚམ་པའི་ཚད་གཞི་གཞིར་བཟུང་སྟེ་ཞིབ་བཟོ་བྱས་པའི་བསྒྲོད་ལམ་ཕྲང་པའི་འགྲུལ་སྐྱེལ་གནམ་གྲུ་ཆེན་པོ་ཐོག་མ་འདི་ཉིད་གཞི་ནས་ལེགས་གྲུབ་བྱུང་བ་ཡིན། གནམ་གྲུ་དེར་རང་རྒྱལ་གྱི་རང་བདག་ཤེས་བྱའི་བདག་དབང་ལྡན་པ་དང་། མཁའ་འགྲུལ་ལམ་ཐག་རིང་ཤོས་སྤྱི་ལེ5500ལས་བརྒལ་བ། ནུས་པ་ནི་རྒྱལ་སྤྱིའི་རབས་གསར་བའི་གཙོ་རྒྱུན་བསྒྲོད་ལམ་ཕྲང་པའི་འགྲུལ་སྐྱེལ་གནམ་གྲུ་དང་གཅིག་མཚུངས་ཡིན་པས། རྒྱལ་ཁབ་ཀྱི་འདོད་བློ་གང་ལེགས་ངང་མངོན་པར་མཚོན་ཡོད།

གནམ་གྲུ་འདིར་གཤམ་གསལ་གྱི་ལག་རྩལ་ལེགས་ཆ་ལྡན་པ་སྟེ། སྔོན་ཐོན་གྱི་རླངས་སྣུལ་བཀོད་སྒྲིག་སོགས་ཀྱི་ལག་རྩལ་སྤྱད་པས་དངོས་ཞབས་ཀྱི་རིགས་གཅིག་པའི་གནམ་གྲུའི་སྐོར་ཞིབ་རླངས་སྣུལ་ལས་ཕྱོད་ལས་ལེགས་པ་དང་། སྔོན་ཐོན་གྱི་སྣུལ་བྱེད་འཕྲུལ་འཁོར་སྤྱད་པས་སྐུམ་ཟད་གྲོན་དང་འཛེར་སྒྲ། ཕྱིར་འདོན་བཅས་རྗེ་དམའ་རུ་བཏང་ཡོད། སྔོན་ཐོན་གྱི་སྒྲིག་གཞིའི་འཆར་འགོད་དང་རྒྱུ་ཆ་སྤྱད་པས་གནམ་གྲུའི་ལྗིད་ཚད་རྗེ་ཡང་དུ་བཏང་ཡོད། སྔོན་ཐོན་གྱི་རང་འགུལ་ཚོད་འཛིན་ལག་རྩལ་སྤྱད་པས་གནམ་གྲུའི་ཕྱོགས་བསྒྱུར་རང་བཞིན་གྱི་ནུས་པ་རྗེ་མཐོར་བཏང་ཡོད། སྔོན་ཐོན་གྱི་ཕྱོགས་བསྒྱུར་ལག་རྩལ་སྤྱད་པས་འཕུར་སྐྱོད་པའི་ཁུར་པོ་རྗེ་ཡང་དུ་བཏང་བ་དང་ཕྱོགས་སྟོན་ནུས་པ་རྗེ་ཆེར་ཕྱིན་ཡོད། སྔོན་ཐོན་གྱི་གྲུ་ཁང་འཆར་འགོད་ལག་རྩལ་སྤྱད་པས་སྐྱིད་སྣང་རང་བཞིན་རྗེ་མཐོར་ཕྱིན་ཡོད། སྔོན་ཐོན་གྱི་ཉམས་གསོའི་ལག་རྩལ་སྤྱད་པས་ཉམས་གསོའི་མ་གནས་རྗེ་དམའ་རུ་ཕྱིན་པ་བཅས་སོ། །

# 28 支线飞机
## ལམ་ལག་གནམ་གྲུ།

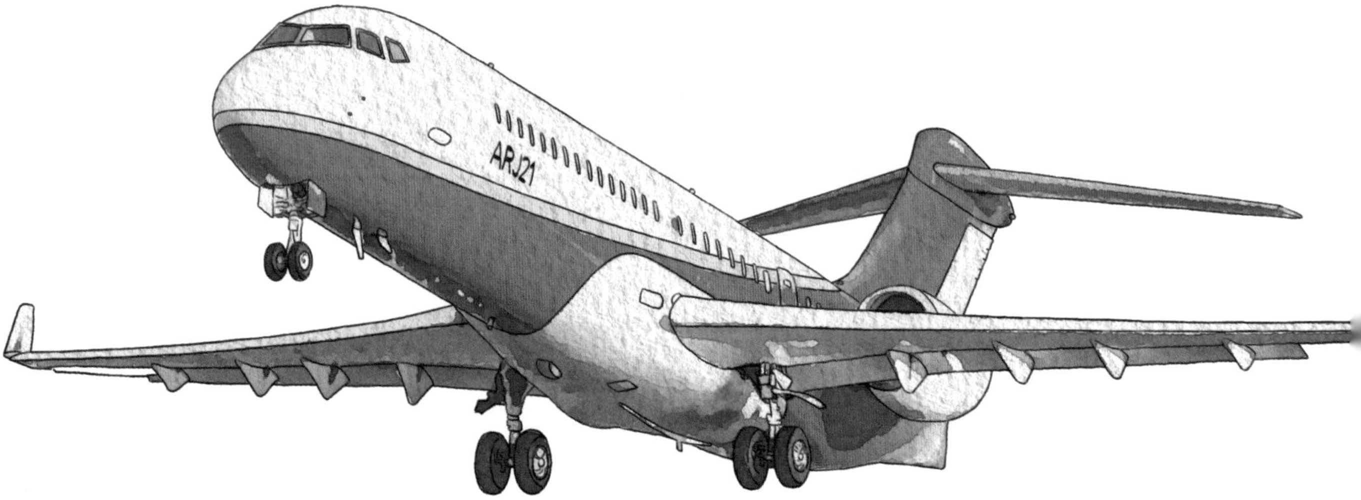


2008年11月28日，我国自主研制的具有完全自主知识产权的中短航程支线民用客机，ARJ21飞机首飞成功啦。这是我国航空史上的重要里程碑，标志着中国飞机正式飞入世界新型民用客机行列。实际上，它已成功销往欧美发达国家。

ARJ21飞机是中国的首架新型涡扇支线客机，全经济舱布局为90座，满客航程为2225公里，最大起飞重量约为40吨，最高可飞至11900米，最大航程为3700公里。该飞机完全按国际适航标准研制，总体设计、系统集成和总装等都由中国自主完成，并在总体技术、气动布局、系统综合等方面解决了大量关键技术难题。

ARJ21客机采用异地设计、异地制造的全新运作机制和管理模式，分别由国内四家单位生产。该客机采用高平尾、下单翼、双圆剖面机身、尾吊两台涡轮风扇发动机、前三点式可收放起落架的基本布局，采用超临界机翼和一体化设计的翼梢小翼。驾驶舱为两人体制，航电系统采用总线技术、LCD平板显示并综合化。

2008ལོའི་ཟླ་11པའི་ཚེས་28ཉིན། རང་རྒྱལ་གྱིས་རང་བདག་ཞིབ་བཟོ་བྱས་པའི་རང་བདག་ཤེས་བྱའི་ཐོན་དངོས་བདག་དབང་ཡོངས་སུ་ལྡན་པའི་མཁའ་འགྲུལ་ལམ་ཐག་འབྲིང་ཐུང་གི་ལམ་ལག་དམངས་སྤྱོད་འགྲུལ་སྐྱེལ་གནམ་གྲུ་སྟེ། ARJ21གནམ་གྲུ་ཐེངས་དང་པོར་འཕུར་བ་ལེགས་གྲུབ་བྱུང་། དེ་ནི་རང་རྒྱལ་གྱི་མཁའ་འགྲུལ་ལོ་རྒྱུས་སྟེང་གི་མཚོན་རྟགས་ཇོ་རིང་གལ་ཆེན་ཞིག་ཡིན་ཞིང་། གྲུང་གོའི་གནམ་གྲུ་འཛམ་གླིང་གི་དམངས་སྤྱོད་འགྲུལ་སྐྱེལ་གནམ་གྲུ་གསར་བའི་གྲས་སུ་དངོས་སུ་འཕུར་ཞུགས་བྱུང་བ་མངོན་པར་མཚོན་ཡོད། དོན་དངོས་སུ། དེ་ཉིད་ཡ་རོབ་དང་ཨ་རི་སོགས་དར་རྒྱས་ཆེ་བའི་རྒྱལ་ཁབ་ཏུ་བདེ་བླག་ངང་ཕྱིར་འཚོང་བྱེད་བཞིན་ཡོད།

ARJ21གནམ་གྲུ་ནི་ཀྲུང་གོའི་སྒྲོ་གཤོག་ཆུང་གཡབ་ལམ་ལག་འགྲུལ་སྐྱེལ་གནམ་གྲུ་གསར་བ་ཐོག་མ་ཡིན་ཏེ། དཔལ་འཁོར་གྱི་ཤག་ཡོངས་སུ་འདུག་གནས90བཀོད་སྒྲིག་བྱས་ཡོད་པ་དང་། འགྲུལ་པ་གང་བའི་མཁའ་འགྲུལ་ལམ་ཐག་སྤྱི་ལེ2225ཡིན། འཕུར་སྐྱོད་བྱེད་པའི་ལྗིད་ཚད་ཆེ་ཤོས་ཏུན40ཙམ་ཟིན་པ་དང་མཐོ་ཤོས་སྨི11900བར་འཕུར་ཐུབ་ཅིང་། མཁའ་འགྲུལ་ལམ་ཐག་ཆེས་རིང་ཚད་སྤྱི་ལེ3700ཡིན། གནམ་གྲུ་འདི་ནི་རྒྱལ་སྤྱིའི་མཁའ་འགྲུལ་དང་འཚམ་པའི་ཚད་གཞི་ལྟར་ཞིབ་བཟོ་བྱས་པ་དང་། སྤྱིའི་འཆར་འགོད་དང་མ་ལག་འདུས་གྲུབ། སྤྱིའི་སྒྲིག་སྦྱོར་སོགས་ཆ་ཚང་ཀྲུང་གོས་རང་བདག་ལེགས་གྲུབ་བྱུང་བར་མ་ཟད། སྤྱིའི་ལག་རྩལ་དང་ཀླད་ངས་སྒྲུལ་བཀོད་སྒྲིག མ་ལག་ཕྱོགས་བསྡུས་སོགས་ཀྱི་ཐད་ནས་འགག་རྩའི་ལག་རྩལ་གྱི་དཀའ་གནད་ཐག་གཅོད་བྱས་ཡོད།

ARJ21རྟགས་ཅན་གྱི་འགྲུལ་སྐྱེལ་གནམ་གྲུས་ཡུལ་གཞན་འཆར་འགོད་དང་ཡུལ་གཞན་དུ་བཟོས་པའི་འཕོར་རྒྱུག་ལམ་སྲོལ་དང་ངོ་དམ་བྱེད་སྟངས་གསར་རྐྱང་སྤྱད་དེ། རྒྱལ་ནང་གི་ལས་ཁུངས་བཞིས་ཐོན་སྐྱེད་བྱས་པ་ཡིན། འགྲུལ་སྐྱེལ་གནམ་གྲུ་འདིར་མཐོ་སྐོམ་མཇུག་དང་འོག་གཤོག་རྐྱང་པ། སྔོར་ཟུང་གཤགས་ངོས་ཀྱི་གྲུ་གཟུགས། མཇུག་དཔྱང་སྒྲོ་གཤོག་ཆུང་གཡབ་ཀྱི་སྒུལ་བྱེད་འཕྲུལ་ཆས་གཉིས། སྔོན་དུ་ཐིག་གསུམ་རྣམ་པའི་སྟུད་ལེན་འབབ་འཕུར་སྒྲོམ་གྱི་གཞི་རྩའི་བཀོད་སྒྲིག་སྤྱད་དེ། ད་དུང་འགྱུར་མཚམས་ཀྱི་གཤོག་པ་དང་གཞི་གཅིག་ཅན་གྱི་འཆར་འགོད་ཀྱི་གཤོག་རྩེ་ཆུང་བ་སྤྱད་ཡོད། ཁ་ལོ་པའི་གྲུ་ཤག་ནི་མི་གཉིས་ཀྱི་སྒྲིག་སྲོལ་ཡིན་པ་དང་། མཁའ་འགྲུལ་གློག་གི་མ་ལག་ནི་སྤྱིའི་སྐུད་ལམ་ལག་རྩལ་དངLCDངོས་ལེབ་མངོན་སྟོན་བྱས་པར་མ་ཟད་ཕྱོགས་བསྡུས་ཅན་དུ་བསྒྱུར་ཡོད།

# 29 歼-20战斗机

# རྐོལ་གཏོར–20འཐབ་འཛིང་གནམ་གྲུ།

据中央电视台报道，2017年3月9日，我国自主研制的歼-20战斗机正式进入我国空军序列。

第五代隐形战斗机歼-20具有高隐身性、高机动性和高态势感知性，它将担负未来的主权维护任务，成为有效管控危机、遏制战争、打赢战争的重要力量。该机乘员1人，空重17吨、空战重量25吨、最大起飞重量37吨，武器最大装载能力11吨。机长20.30米、机宽12.88米、机高4.45米，巡航速度1.83马赫，最大飞行速度2.5马赫，最大飞行高度2万米，航程5500公里，作战半径2000公里。机上分别配有远中近程空对空导弹、格斗导弹、精确制导滑翔炸弹和机炮等各式武器。

ཀྲུང་དབྱང་བརྙན་འཕྲིན་ལས་ཁུངས་ཀྱིས་སྤེལ་བའི་གནས་ཚུལ་ལྟར་ན། 2017ལོའི་ཟླ3པའི་ཚེས9ཉིན། རང་རྒྱལ་གྱིས་རང་བདག་ཞིབ་བཟོ་བྱས་པའི་རྐོལ་གཏོར–20འཐབ་འཛིང་གནམ་གྲུ་ནི་རང་རྒྱལ་གྱི་མཁའ་དམག་གི་སྒྲིག་རིམ་ཁྲོད་དུ་དངོས་སུ་ཞུགས་ཡོད།

མངོན་མེད་འཐབ་འཛིང་གནམ་གྲུ་རབས་ལྔ་པ་རྐོལ་གཏོར–20ལ་མི་མངོན་པའི་རང་བཞིན་དང་སྐབས་བསྟུན་རང་བཞིན། འཕེལ་ཕྱོགས་མཐོ་བའི་ཤེས་རྟོགས་རང་བཞིན་བཅས་ལྡན་པས། མ་འོངས་པའི་བདག་དབང་སྲུང་སྐྱོབ་ཀྱི་ལས་འགན་འཁུར་ཏེ་ཉམས་ཉེན་ངོ་དམ་ཚོད་འཛིན་དང་དམག་འཁྲུག་བཀག་སྡོམ། དམག་འཁྲུག་ལ་རྒྱལ་ཁ་ཐོབ་པ་བཅས་ཀྱི་སྟོབས་ཤུགས་གལ་ཆེན་ཞིག་ཏུ་འགྱུར་ངེས་ཡིན། གནམ་གྲུ་དེར་འགྲུལ་པ1དང་སྟོང་བའི་ལྗིད་ཚད་ཏུན17 མཁའ་རྐོལ་ལྗིད་ཚད་ཏུན25 འཕུར་མགོ་ཚུགས་པའི་ལྗིད་ཚད་མཐོ་ཤོས་ཏུན37 མཚོན་ཆ་ཆེ་ཤོས་ཐེག་ཁྱེར་ནུས་པ་ཏུན11བཅས་ཡོད། གནམ་གྲུའི་རིང་ཚད་ལ་སྨི20.30དང་གནམ་གྲུའི་ཞེང་ཚད་ལ་སྨི12.88 གནམ་གྲུའི་མཐོ་ཚད་ལ་སྨི4.45དང་སྐོར་གཡེང་མྱུར་ཚད་མ་

ཆི1.83 འཕུར་སྐྱོད་མྱུར་ཚད་ཆེ་ཤོས་མ་ཆི2.5 འཕུར་ཚད་མཐོ་ཤོས་སྤྱི་ཁྲི2 མཁའ་འགྲུལ་ལམ་ཐག་ལ་སྤྱི་ལེ5500དང་དམག་འཐབ་ཀྱི་ཚངས་ཁྱེད་ལ་སྤྱི་ལེ2000བཅས་ཡོད། གནམ་གྲུའི་སྟེང་དུ་ཐག་རིང་དང་ཐག་ཉེ་བའི་བར་སྣང་འཕུར་མདེལ་དང་དམར་འཛིང་འཕུར་མདེལ། གནད་འཁེལ་འཕུར་འགག་མདེལ་དང་འཕྲུལ་སྒྲིགས་སོགས་མཚོན་ཆ་སྣ་ཚོགས་ཡོད།

# 30 实践十号

## ཉི་ཅན་ཡང་རྟགས་བཅུ་པ།

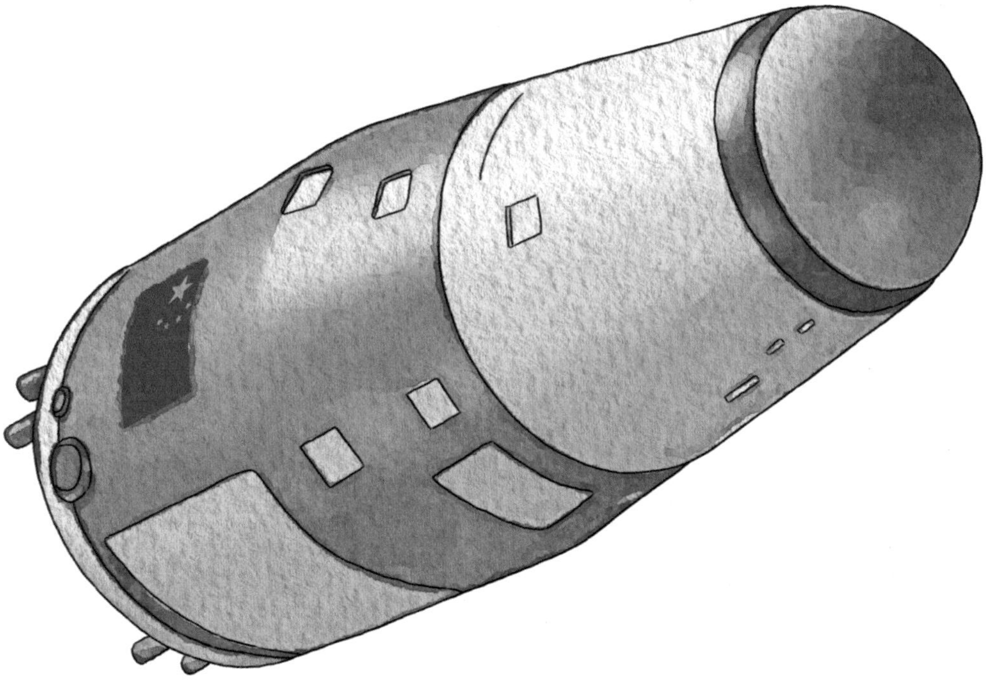

“实践十号”是目前我国科学卫星系列中唯一的返回式卫星，也是中国第一颗专用的微重力实验卫星，总质量约3.3吨。它于2016年4月6日1时38分发射升空，12天后成功返回，返回舱载荷600公斤，留轨舱继续在轨工作了三天。

实践十号是目前全球最理想的开展微重力研究的高效、短期、综合空间实验平台，实际上，全球科学家一直在尝试各种方式营造微重力环境。比如，抛物线飞行、探空火箭等，但它们能提供的微重力环境最多只有几分钟，而实践十号却可以提供十余天的实验期。

实践十号的本次在轨实验内容丰富，至少包括微重力流体物理、微重力燃烧科学、空间材料科学、空间辐射生物效应、重力生物效应、空间生物技术等6大领域的19项科学实验。其中，8项在留轨舱内进行，其余11项在回收舱中进行。比如，利用空间实验样品返回方式，研究微重力环境及复杂辐射环境中的物质运动与生命活动规律，以期在重大应用和基础研究方面取得突破性进展。

“ཧྲི་ཙན་ཨང་རྟགས་བཅུ་པ”ནི་མིག་སྔར་རང་རྒྱལ་གྱི་ཚན་རིག་སྒྲུང་སྐར་རབ་དང་རིམ་པའི་ནང་གི་ཕྱིར་ལོག་རྣམ་པའི་སྒྲུང་སྐར་གཅིག་པུ་ཡིན་ལ། ཀྲུང་གོའི་ཆེད་སྤྱོད་ཕྲིད་ཤུགས་ཆུང་བའི་ཚོད་ལྟའི་སྒྲུང་སྐར་དང་པོའང་ཡིན། སྤྱིའི་སྤུས་ཚད་ལ་ཏུན3.3ཙམ་ཡོད། འདི་ནི2016ལོའི་ཟླ4པའི་ཚེས6ཉིན་གྱི་དུས་ཚོད1དང་སྐར་མ38སྟེང་དུ་འཕེན་གཏོང་བྱས་པ་དང་། ཉིན12འགོར་རྗེས་བདེ་བླག་ངང་ཕྱིར་ལོག་ཅིང་། ཕྱིར་ལོག་ཀྲུའི་ཐེག་ཚད་སྤྱི་རྒྱ600ཟིན་པ་དང་འཁོར་སྐྱོད་གྲུ་ཤག་ནུ་མཐུད་དུ་འཁོར་ལམ་སྟེང་དུ་ཉིན་གསུམ་ལ་ལས་སྒྲུབ་བྱས་པ་ཡིན།

ཧྲི་ཙན་ཨང་རྟགས་བཅུ་པ་ནི་མིག་སྔར་གོ་ལ་ཧྲིལ་པོའི་ཆེས་འོས་འཚམ་གྱི་ཕྲིད་ཤུགས་ཡང་མོའི་ཞིབ་འཇུག་བྱས་པའི་ཕན་ནུས་ཆེ་བ་དང་དུས་ཡུན་ཐུང་དུ། ཕྱོགས་བསྡུས་བར་སྟོང་ཚོད་ལྟའི་ལས་སྟེགས་ཡིན། དོན་དངོས་སུ་གོ་ལ་ཧྲིལ་པོའི་ཚན་རིག་པས་བྱེད་ཐབས་སྣ་ཚོགས་ཚོད་ལྟ་བྱས་ཏེ། ཕྲིད་ཤུགས་ཡང་མོའི་ཁོར་ཡུག་སྐྲུན་བཞིན་ཡོད་དེ། དཔེར་ན། དངོས་འཕེན་ཐིག་འཕུར་སྐྱོད་དང་བར་སྣང་འཚོལ་ཞིབ་མེ་ཤུགས་འཕུར་མདའ་སོགས་ཡིན་མོད། འོན་ཀྱང་འདི་དག་གིས་འདོན་སྤྲོད་བྱེད་ཐུབ་པའི་ཕྲིད་ཤུགས་ཡང་མོའི་ཁོར་ཡུག་ཆེས་མང་ནའང་སྐར་མ་ཁ་ཤས་ལས་མེད་ཀྱང་། ཧྲི་ཙན་ཨང་རྟགས་བཅུ་པས་ཉིན་བཅུ་ལྷག་གི་ཚོད་ལྟའི་དུས་སྐབས་འདོན་སྤྲོད་བྱེད་ཐུབ།

ཧྲི་ཙན་ཨང་རྟགས་བཅུ་པར་ཐེངས་འདིའི་འཁོར་ལམ་སྟེང་དུ་ཚོད་ལྟའི་ནང་དོན་ཕུན་སུམ་ཚོགས་པོ་ཡོད་པ་དང་། ཉུང་མཐར་ཡང་ཕྲིད་ཤུགས་ཡང་མོའི་རྒྱུག་གཟུགས་དངོས་ཁམས་དང་ཕྲིད་ཤུགས་ཡང་མོ་འབར་བའི་ཚན་རིག བར་སྣང་རྒྱུ་ཆའི་ཚན་རིག བར་སྣང་འགྱེད་འཕྲོའི་སྐྱེ་དངོས་ནུས་པ། ཕྲིད་ཤུགས་སྐྱེ་དངོས་ནུས་པ། བར་སྣང་སྐྱེ་དངོས་ལག་རྩལ་སོགས་ཁྱབ་ཁོངས་ཆེན་པོ6ཚན་རིག་ཚོད་ལྟའི་དོན་ཚན19ཚུད་ཡོད། དེའི་ཁྲོད་དུ་དོན་ཚན8འཁོར་སྐྱོད་གྲུ་ཤག་ནང་དུ་སྒྲིལ་བ་དང་། གཞན་པའི་དོན་ཚན11ཚུར་བསྡུའི་གྲུ་ཤག་ནང་དུ་སྒྲིལ་བ་ཡིན་ཏེ། དཔེར་ན། བར་སྣང་ཚོད་ལྟའི་དངོས་དཔེ་ཕྱིར་ལོག་བྱེད་སྟངས་སྤྱད་དེ། ཕྲིད་ཤུགས་ཡང་མོའི་ཁོར་ཡུག་དང་རྣོག་འཛིང་ཆེ་བའི་འགྱེད་འཕྲོའི་ཁོར་ཡུག་ཁྲོད་ཀྱི་དངོས་པོའི་འགྱུལ་སྐྱོད་དང་ཚེ་སྲོག་འགྱུལ་སྐྱོད་ཀྱི་ཆོས་ཉིད་ལ་ཞིབ་འཇུག་བྱས་ནས། གལ་ཆེའི་བེད་སྤྱོད་དང་རྩ་བ་གཞིའི་ཞིབ་འཇུག་ཐད་ནས་འགག་སྒྲོལ་རང་བཞིན་གྱི་འཕེལ་རྒྱས་མངོན་འགྱུར་འབྱུང་བར་འབད་དོ། །

# 31 海洋二号

## ཧའེ་དབྱང་ཡང་རྟགས་གཉིས་པ།

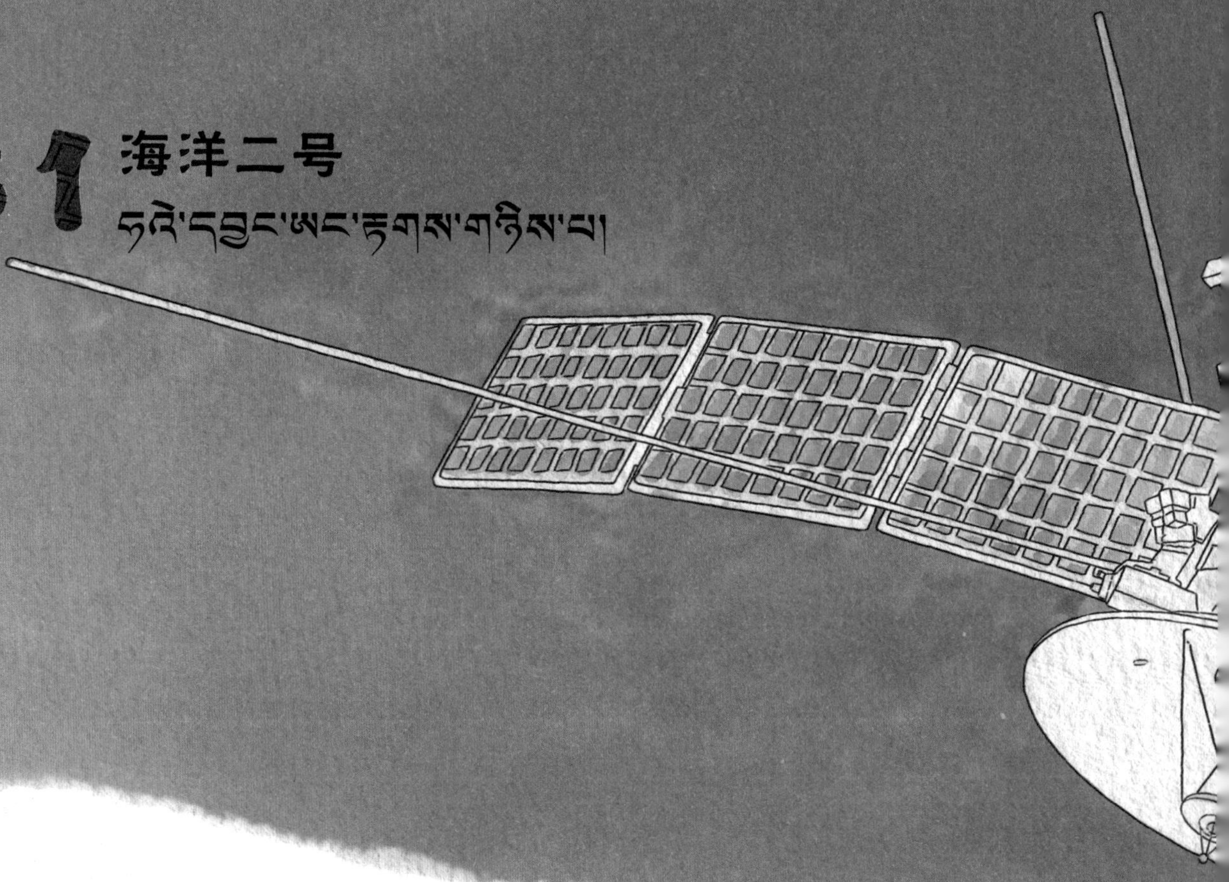

2021年7月29日，“海洋二号”卫星成功发射升空。它是一颗海洋动力环境卫星，主要用于探测海面风场、浪场、流场、温度场和海面高度等，以获取全球海洋风矢量场和表面风应力数据及全球高分辨率大洋环流、海洋大地水准面、重力场和极地冰盖数据等。它的多项测量指标都达到国际先进水平，比如，它测定海面高度的精度优于4厘米，波高的精度优于0.5米，可测海面风速最高达每秒50米，风速精度为每秒2米，风向精度为20度，海面温度精度为1开尔文等。它运行于晨昏太阳同步轨道，设计寿命3年，采用对地三轴姿态稳定控制，在轨最大展宽近9米，末期电源输出功率可达近1400瓦。

海洋二号的成功，将为我国海洋观测开辟一个崭新的领域，使我国海洋卫星首次以厘米级的定轨精度和微波探测的方式，全天时全天候地获取宝贵的海洋动力环境数据，极大提升我国海洋监管、海权维护和海洋科研的能力。同时也标志着我国海洋卫星向着系列化、业务化的方向迈出了一大步。

2021ལོའི་ཟླ7པའི་ཚེས29ཉིན། “ཏའེ་དབྱང་ཨང་རྟགས་གཉིས་པའི”སྲུང་སྐར་བདེ་ཐག་ངང་འཕེན་གཏོང་བྱས། དེ་ནི་རྒྱ་མཚོའི་སྐྱུལ་ཤུགས་ཁོར་ཡུག་གི་སྲུང་སྐར་ཞིག་ཡིན་པ་དང་། གཙོ་བོར་མཚོ་ངོས་ཀྱི་རླུང་ར་དང་རླབས་ར། རྒྱུག་ར། དྲོད་ར། མཚོ་ངོས་ཀྱི་མཐོ་ཚད་སོགས་རྟོག་འཇལ་བྱེད་པར་སྤྱོད་བཞིན་ཡོད། གོ་ལ་ཁྱིལ་པོའི་རྒྱ་མཚོའི་རླུང་མདའ་ཚད་ར་བ་དང་ཕྱི་ངོས་རླུང་གི་ཐིག་ནུས་གཞི་གྲངས། དེ་བཞིན་གོ་ལ་ཁྱིལ་པོའི་དབྱེ་འབྱེད་མཐོ་བའི་རྒྱ་མཚོ་ཆེན་པོའི་རྒྱུག་རྒྱུན་དང་། རྒྱ་མཚོའི་ས་གཞི་ཆེན་པོའི་ཆུ་ཐིག ཐིད་ཤུགས་ར་བ་དང་གླིང་སྟེའི་འགྱུགས་ཁིབས་གྲངས་གཞི་སོགས་སྡུད་ལེན་བྱེད་བཞིན་ཡོད། དེའི་ཚད་འཇལ་དམིགས་ཚད་མང་པོར་རྒྱལ་སྤྱིའི་སྔོན་ཐོན་ཆུ་ཚད་དུ་སླེབས་ཡོད་དེ། དཔེར་ན། དེས་མཚོ་ངོས་མཐོ་ཚད་ཀྱི་ཚད་འཇལ་ཚད་ལི་སྨི4ལས་མཐོ་བ་དང་རླབས་ཀྱི་མཐོ་ཚད་སྨི0.5ལས་མཐོ་བ། མཚོ་ངོས་ཀྱི་རླུང་གི་མྱུར་ཚད་མཐོ་ཤོས་སྐར་ཆ་རེར་སྨི50ཡིན་པ། རླུང་གི་མྱུར་ཚད་སྐར་ཆ་རེར་སྨི2ཡིན་པ། རླུང་ཕྱོགས་ཞིབ་ཚད་ཌུཝུ20ཡིན་པ། མཚོ་ངོས་དྲོད་ཚད་ནི་ཁའེ་ཨེར་ཝུན1ཡིན་པ་སོགས་ལྟ་བུ། དེ་ནི་ཉོགས་སྒྲོད་ཉི་མ་འཁོར་ལམ་དུ་དུས་མཚུངས་འཁོར་སྐྱོད་བྱེད་པ་དང་འཆར་འགོད་ཚེ་ཚད་ལོ་གསུམ་ཡིན། ས་ངོས་འཁོར་མདའ་གསུམ་གྱི་རྣམ་འགྱུར་བརྟན་པོའི་ངང་ཚོད་འཛིན་བྱེད། འཁོར་ལམ་སྟེང་གི་ཞེང་ཆེ་ཤོས་ལ་སྨི9ཙམ་ཡིན་པ་དང་། དུས་མཉྟག་ཏུ་སློག་ཁུངས་ཕྱིར་གཏོང་ཚད་ཝ1400ཙམ་ཡིན།

ཏའེ་དབྱང་ཨང་རྟགས་གཉིས་པ་ལེགས་གྲུབ་བྱུང་བས། རང་རྒྱལ་གྱི་རྒྱ་མཚོའི་ལྟ་ཞིབ་ཚད་ལེན་ལ་ཁྱབ་ཁོངས་གསར་བ་ཞིག་བཏོད་དེ། རང་རྒྱལ་གྱི་རྒྱ་མཚོའི་སྲུང་སྐར་གྱིས་ལི་སྨི་རིམ་པའི་འཁོར་ལམ་གཏན་ཁེལ་ཞིབ་ཚད་དང་རླབས་ཐུན་རྟོག་འཇལ་བྱེད་ནུས་སྟངས་སྒྲུད་ནས། ཉིན་གང་བོར་རྒྱ་མཚོའི་སྐྱུལ་ཤུགས་ཁོར་ཡུག་གི་གྲངས་གཞི་ཐ་ཆེན་ཐོབ་སྟེ། རང་རྒྱལ་གྱི་རྒྱ་མཚོའི་ལྟ་སྐྱུལ་དོ་དམ་དང་མཚོ་དབང་སྲུང་སྐྱོབ། རྒྱ་མཚོའི་ཚན་ཞིབ་བཅས་ཀྱི་ནུས་པ་མཐོར་འདེགས་ཆེན་པོ་བྱུང་། དུས་མཚུངས་སུ་རང་རྒྱལ་གྱི་རྒྱ་མཚོའི་འཁོར་སྐར་ནི་མ་ལག་ཅན་དང་ལས་སྒོ་ཅན་གྱི་ཕྱོགས་སུ་གོམ་པ་ཆེན་པོ་ཞིག་སྤོས་པ་མཚོན་ནོ། །

# 32 探测一号
## ཐེན་ཚོ་ཡང་རྟགས་དང་པོ།

随着2003年12月30日“探测一号”卫星的顺利升空，中国与欧洲空间局的合作项目“地球空间双星探测计划”正式开始实施，这也是中国首次以自己的先进空间探测项目同发达国家从技术到应用的高层次、实质性的对等合作。这次发射成功，标志着中国高水平的空间物理与环境探测进入实质性发展阶段。

实际上，此前中国的科学实验卫星大多根据宏观需求来研制，而这次则是先有非常具体的科学探测目标，并以实现该目标为前提进行卫星设计和研制，这在中国历史上还是首次。因此，探测一号是中国首颗真正意义上的科学实验卫星。

探测一号重约350公斤，设计寿命18个月。它是一颗赤道星，即，它的运行轨道与地球赤道平面重合，它始终在赤道上空飞行。它是中国发射的第一颗高轨道卫星，也是世界上少有的高轨卫星之一，其远地点高度比地球同步轨道高出一倍多，远达78051公里。它主要用于研究太阳活动、行星际扰动触发磁层空间暴和灾害性地球空间天气的物理过程等。

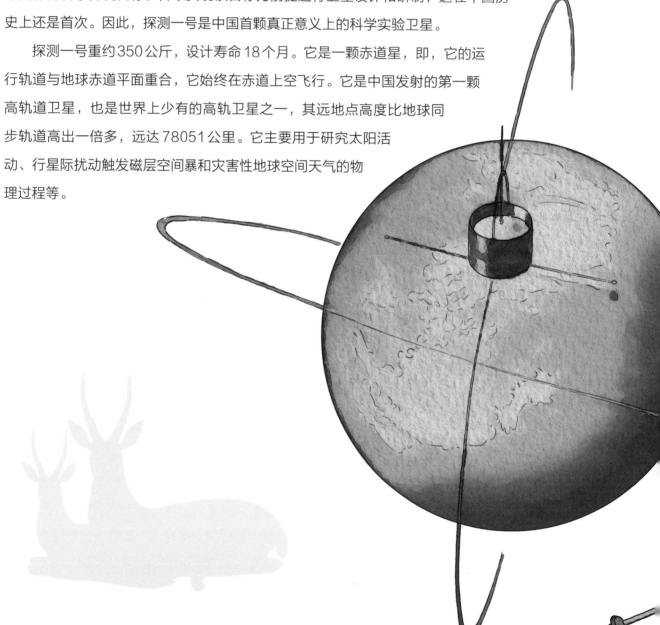

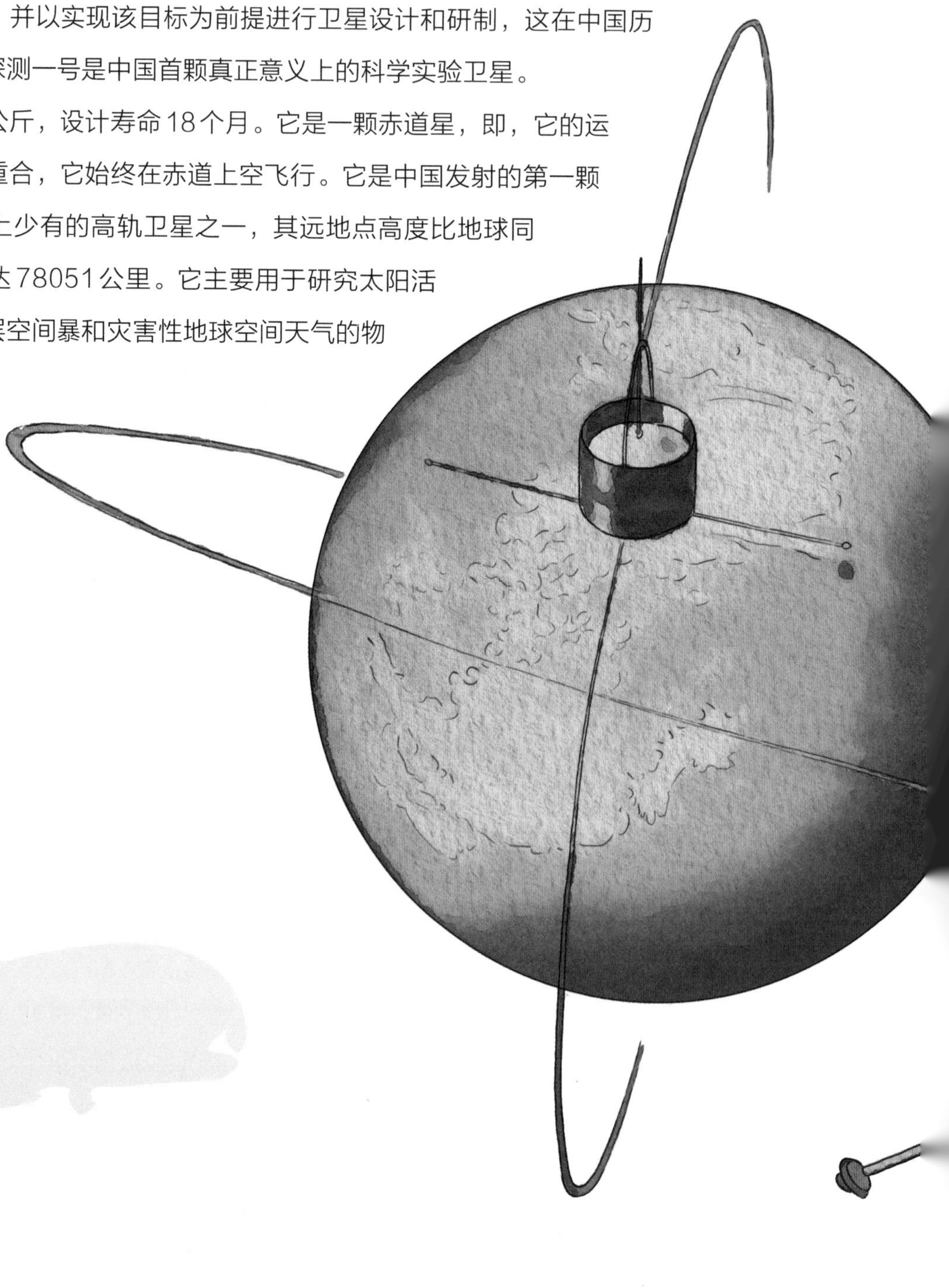

2003ལོའི་ཟླ་12པའི་ཚེས་30ཉིན། “ཐེན་ཚེ་ཨང་རྟགས་དང་པོ”སྤུང་སྐར་བདེ་བླག་ངང་མཁའ་དབྱིངས་སུ་འཕུར་བ་དང་བསྟུན་ཏེ། གྲུང་གོ་དང་ཡོ་རོབ་བར་སྣང་ཅུའི་མཉམ་ལས་ཀྱི་ལས་གཞི་སྟེ“སའི་གོ་ལའི་བར་སྣང་ཟུང་སྐར་རྟོག་འཇལ་འཆར་གཞི”དངོས་སུ་ལག་བསྟར་བྱེད་མགོ་ཚུགས། དེ་ནི་གྲུང་གོས་རང་ཉིད་ཀྱི་སྔོན་ཐོན་བར་སྣང་འཚོལ་ཞིབ་ལས་གཞི་ལ་བརྟེན་ནས་དར་རྒྱས་ཆེ་བའི་རྒྱལ་ཁབ་དང་ལག་རྩལ་ནས་བེད་སྤྱོད་བར་གྱི་རིམ་པ་མཐོ་བ་དང་ངོ་བོའི་རང་བཞིན་གྱི་མཉམ་ལས་བྱེད་ཐེངས་དང་པོ་ཡིན། ཐེངས་འདིར་འཕེན་གཏོང་ཞིགས་གྲུབ་བྱུང་བས་གྲུང་གོའི་ཆུ་ཚད་མཐོ་བའི་བར་སྣང་དངོས་ཁམས་དང་ཁོར་ཡུག་རྟོག་འཇལ་ནི་ངོ་བོའི་རང་བཞིན་གྱི་འཕེལ་རྒྱས་དུས་མཚམས་སུ་སླེབས་པ་མངོན་པར་མཚོན་ནོ། །

ངོན་དངོས་སུ་སྔོན་ཆད་ཀྱི་གྲུང་གོའི་ཚན་རིག་ཚོད་ལྟའི་སྤུང་སྐར་མང་ཆེ་བར་སྤྱིའི་དགོས་མཁོར་གཞིགས་ཏེ་ཞིབ་བཟོ་བྱེད་བཞིན་ཡོད་པ་དང་། ད་ཐེངས་ནི་ཧ་ཅང་ཞིབ་ཕྲའི་ཚན་རིག་རྟོག་འཇལ་གྱི་དམིགས་ཚད་ཡོད་པར་མ་ཟད། དམིགས་ཚད་དེ་ཉིད་མངོན་འགྱུར་བྱེད་པ་ནི་སྔོན་འགྲོའི་ཆ་རྐྱེན་དུ་བཟུང་སྟེ་སྤུང་སྐར་འཆར་འགོད་དང་ཞིབ་བཟོ་བྱས་པ་རེད། དེ་ནི་གྲུང་གོའི་ལོ་རྒྱུས་སྟེང་གི་ཐེངས་དང་པོ་ཡིན། དེ་བས་ཐེན་ཚེ་ཨང་རྟགས་དང་པོ་ནི་གྲུང་གོའི་དོན་སྙིང་ངོ་མ་ལྡན་པའི་ཚན་རིག་ཚོད་ལྟའི་སྤུང་སྐར་ཐོག་མ་ཡིན་ནོ། །

ཐེན་ཚེ་ཨང་རྟགས་དང་པོའི་ལྗིད་ཚད་ལ་སྤྱི་གྲ350ཙམ་ཡོད་པ་དང་། འཆར་འགོད་སྤྱོད་ཡུན་ཟླ་18ཡིན། འདི་ནི་ཐིག་དམར་གྱི་སྐར་མ་ཞིག་ཡིན་པ་སྟེ། དེའི་འཁོར་སྐྱོད་འཁོར་ལམ་དང་སའི་གོ་ལའི་ཐིག་དམར་གྱི་སློམས་ངོས་གཉིས་གཤིབ་འདྲིས་བྱས་ཡོད་ལ། དེ་ཉིད་ཐོག་མཐའ་བར་གསུམ་དུ་ཐིག་དམར་གྱི་བར་སྣང་དུ་འཕུར་བཞིན་ཡོད། འདི་ནི་གྲུང་གོས་འཕེན་གཏོང་བྱས་པའི་འཁོར་ལམ་མཐོ་བའི་སྤུང་སྐར་ཐོག་མ་ཡིན་པ་དང་། དུས་མཚུངས་སུ་འཛམ་གླིང་སྟེང་གི་མཐོང་དཀོན་པའི་འཁོར་ལམ་མཐོ་བའི་སྤུང་སྐར་གྱི་གྲས་ཤིག་ཀྱང་ཡིན། དེའི་ཐག་རིང་སའི་མཐོ་ཚད་སའི་གོ་ལའི་དུས་མཉམ་འཁོར་ལམ་ལས་ལྷབ་གཅིག་ལྷག་ཙམ་གྱིས་མཐོ་བ་དང་རིང་ཚད་སྤྱི་ལེ78051ཟིན། འདི་ནི་གཙོ་བོར་ཉི་མའི་འགྱུལ་སྐྱོད་དང་སྐར་མའི་བར་གྱི་ཐོག་ཐུག་གི་རྫུད་རིམ་བར་སྣང་དུ་འབར་བ་དང་གནོད་འཚེ་ཅན་གྱི་སའི་གོ་ལའི་བར་སྣང་གནམ་གཤིས་ཀྱི་དངོས་ལུགས་བརྒྱུད་རིམ་སོགས་ལ་ཞིབ་འཇུག་བྱེད་པར་བཀོལ་བ་ཡིན་ནོ། །

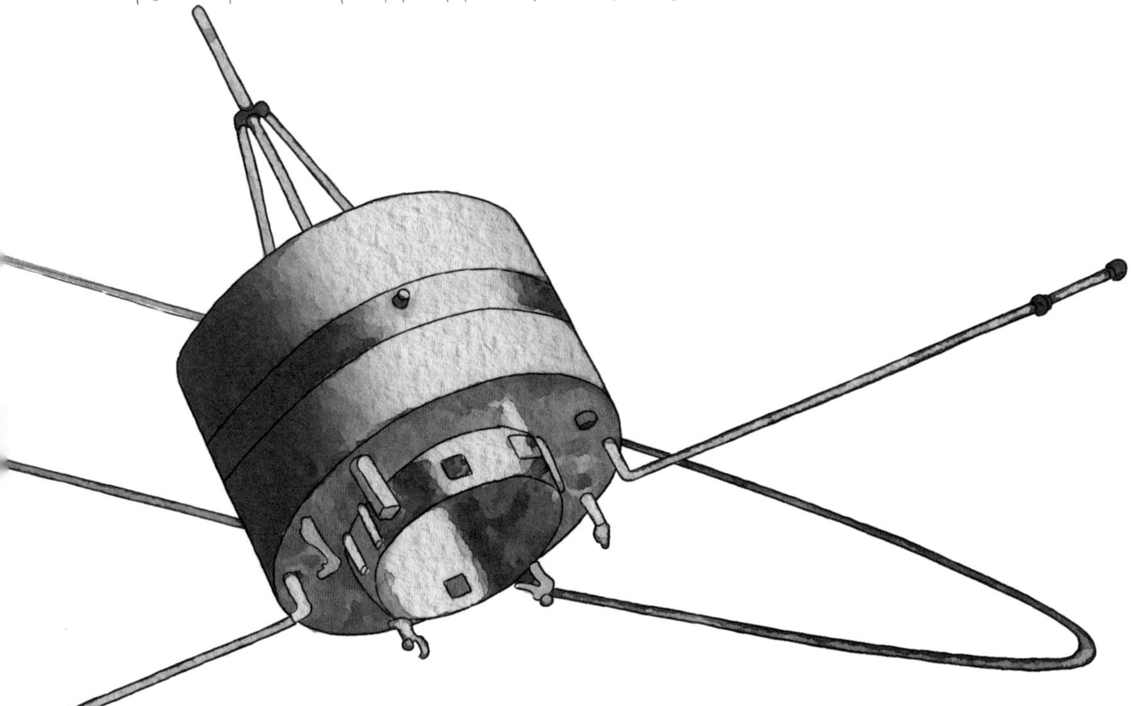

# 33 长征一号运载火箭

# ཁྲང་ཀྲེན་ཨང་རྟགས་དང་པོའི་སྐྱེལ་འདྲེན་མེ་ཤུགས་འཕུར་མདའ།

长征系列运载火箭是中国自行研制的航天运载工具，起步于20世纪60年代。“长征一号”就在1970年4月24日，首次顺利完成了“东方红一号”卫星的发射任务。

以长征一号为代表的第一代长征系列运载火箭解决了我国运载火箭从无到有的问题，但其运载能力等总体性能都还偏低、使用维护性差、靶场测试发射周期长、采用的只是较落后的模拟控制系统等，现在它们已完成历史使命而光荣退役了。

长征一号火箭全长29.86米，起飞质量81.57吨，运载能力300公斤。它是一款三级运载火箭，第一级和第二级采用液体燃料发动机，第三级采用固体燃料发动机，依靠自旋实现自身稳定，无制导功能。近地点440公里，入轨精度的高度偏差约4公里，轨道倾角偏差约1.5度。它曾先后两次成功地将相关卫星送入预定轨道，从而使中国成为全球第5个自行研制和发射人造卫星的空间大国。

ཁྲང་ཀྲེན་རིམ་སྤྱིལ་སྐྱེལ་འདྲེན་མེ་ཤུགས་འཕུར་མདའ་ནི་ཀྲུང་གོ་རང་ཉིད་ཀྱིས་ཞིབ་བཟོ་བྱས་པའི་དབྱིངས་སྐྱོད་ཀྱི་སྐྱེལ་འདྲེན་ཡོ་བྱད་ཅིག་ཡིན་ཏེ། དུས་རབས20པའི་ལོ་རབས60པར་མགོ་ཚུགས། “ཁྲང་ཀྲེན་ཨང་རྟགས་དང་པོ”ཡིས1970ལོའི་ཟླ4པའི་ཚེས24ཉིན་ཐོག་མར“ཏུང་ཧྥང་ཧོང་ཨང་རྟགས་དང་པོ”ཡིས་སྲུང་སྐར་འཕེན་གཏོང་ལས་འགན་བདེ་ཐག་དང་ལེགས་གྲུབ་བྱུང་།

ཁྲང་ཀྲེན་ཨང་རྟགས་དང་པོ་ཚབ་མཚོན་ཡིན་པའི་ཁྲང་ཀྲེན་རིམ་སྤྱིལ་སྐྱེལ་འདྲེན་མེ་ཤུགས་འཕུར་མདའ་རབས་དང་པོས་རང་རྒྱལ་གྱི་སྐྱེལ་འདྲེན་མེ་ཤུགས་འཕུར་མདའ་མེད་པ་ནས་ཡོད་པའི་གནད་དོན་ཐག་གཅོད་བྱས་མོད། འོན་ཀྱང་དེའི་སྐྱེལ་འདྲེན་ནུས་པ་སོགས་སྤྱིའི་ནུས་པ་ད་དུང་དམའ་བ་དང་། བེད་སྤྱོད་སྲུང་སྐྱོང་རང་བཞིན་ཞན་པ། འབེན་རའི་ཚོད་ལྟའི་འཕེན་གཏོང་དུས་ཡུན་རིང་བ། ཅུང་རྗེས་ལུས་ཀྱི་ལད་ཟློས་ཚོད་འཛིན་མ་ལག་བེད་སྤྱོད་བྱས་པ་སོགས་ཡིན། ད་ལྟ་དེ་དག་གིས་ལོ་རྒྱུས་ཀྱི་འོས་འགན་ཡོངས་གྲུབ་བྱས་ཏེ་གཟི་བརྗིད་ངང་ལས་གྲོལ་བྱས་པའོ། །

ཁྲང་ཀྲེན་ཨང་རྟགས་དང་པོའི་མེ་ཤུགས་འཕུར་མདའི་རིང་ཚད་སྨི29.86ཡོད་པ་དང་། འཕུར་སྐྱོད་ཀྱི་སྤུས་ཚད་ཏུན81.57ཡིན་ཞིང་། སྐྱེལ་འདྲེན་ནུས་པ་སྤྱི་ཀྲ300ཡིན། དེ་ནི་རིམ་པ་གསུམ་པའི་སྐྱེལ་འདྲེན་མེ་ཤུགས་འཕུར་མདའ་ཞིག་དང་། རིམ་པ་དང་པོ་དང་རིམ་པ་གཉིས་པས་གཤེར་གཟུགས་འབར་རྫས་ཤེད་འཕྲུལ་སྤྱད་ཡོད་པ་དང་། རིམ་པ་གསུམ་པས་སྲ་གཟུགས་འབར་རྫས་ཤེད་འཕྲུལ་སྤྱད་ཡོད། རང་འཁོར་ལ་བརྟེན་ནས་རང་ཉིད་བརྟན་པོ་བཟོས་པ་དང་ཚོད་འཛིན་སྣེ་ཁྲིད་ཀྱི་བྱེད་ནུས་མེད་པ་ཡིན། དེར་ས་ཇོངས་དང་སྤྱི་ལི440ཉེ་བའི་འཁོར་ལམ་དུ་ཞིབ་ཚད་ཀྱི་མཐོ་ཚད་ཁྱད་པར་སྤྱི་ལི4ཙམ་ཡོད་པ་དང་འཁོར་ལམ་གྱི་གསེག་ཟུར་གྱི་ཁྱད་པར་ཏུའུ1.5ཙམ་ཡིན། དེས་ཡར་སྔོན་སྔ་རྗེས་སུ་ཐེངས་གཉིས་ལ་བདེ་ཐག་དང་འབྲེལ་ཡོད་སྲུང་སྐར་སྔོན་འགོད་འཁོར་ལམ་དུ་བསྐྱལ་བས། ཀྲུང་གོ་ནི་འཛམ་གླིང་ཡོངས་སུ་མིས་བཟོས་སྲུང་སྐར་ཞིབ་བཟོ་དང་འཕེན་གཏོང་བྱེད་པའི་བར་སྣང་རྒྱལ་ཁབ་ཆེན་པོ་ཨང5པར་གྱུར་ཏོ། །

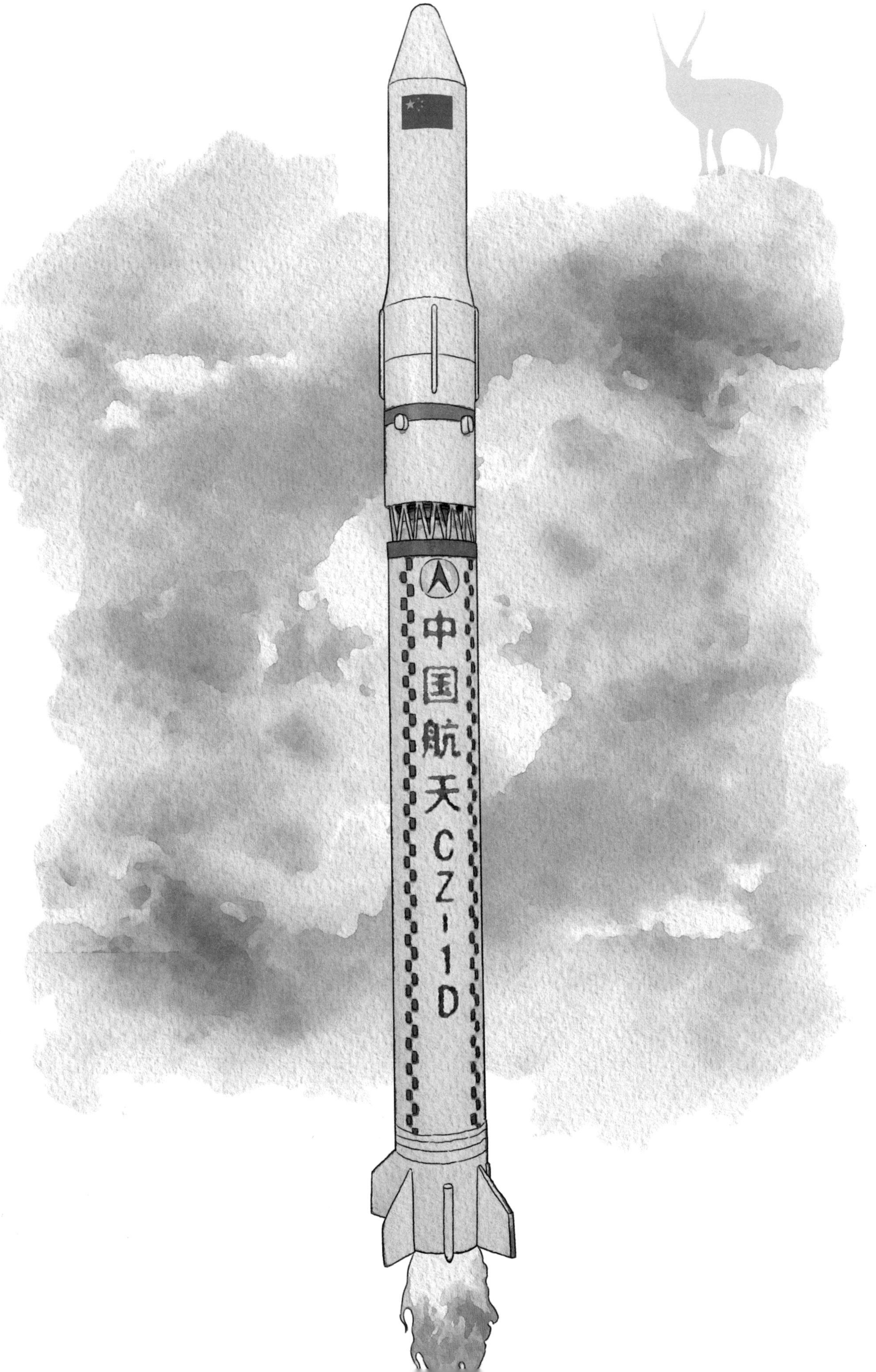
中国航天
CZ-1D

# 34 长征二号运载火箭
# ཁྲང་ཀྲིན་ཡང་རྟགས་གཉིས་པའི་སྐྱེལ་འདྲེན་མེ་ཤུགས་འཕུར་མདའ།

长征二号丙系列火箭，是中国第二代运载火箭的典型代表，被授予“金牌火箭”称号，是在第一代火箭的基础上进行大幅度改进的结果，技术和性能都有所提高。比如，它是一款二级液体运载火箭，且推进剂采用了四氧化二氮和偏二甲肼，已带有数字控制系统。准确地说它带有制导系统和姿态控制系统，其中，前者控制火箭沿预定轨道飞行，后者稳定火箭的飞行姿态，控制火箭绕质心的转动。长征二号采用了当时新研制的75吨推力发动机，后来中国所有的运载火箭都以该型发动机为基础。该火箭全长32.6米、直径3.35米、起飞质量190吨，近地轨道运载能力1.8吨。

长征二号是在1970年为了发射返回式卫星而立项的，1974年11月5日首飞失败，1975年11月26日第二次发射成功。该型火箭现已退役，总发射次数4次，成功3次。它作为我国的第一个液体运载火箭，使我国成为继美国和俄罗斯之后，第三个掌握研制和发射返回式人造卫星技术的空间大国。

ཁྲང་ཀྲིན་ཡང་རྟགས་གཉིས་པ་ག་རིམ་སྤྲར་གྱི་མེ་ཤུགས་འཕུར་མདའ་ནི་ཀྲུང་གོའི་རབས་གཉིས་པའི་སྐྱེལ་འདྲེན་མེ་ཤུགས་འཕུར་མདའི་དཔེ་མཚོན་ཞིག་ཡིན། “གསེར་གྱི་རྟགས་མའི་མེ་ཤུགས་འཕུར་མདའ”ཞེས་གྲགས་ཤིང་། དེ་ནི་རབས་དང་པོའི་མེ་ཤུགས་འཕུར་མདའ་རྨང་གཞིའི་སྟེང་ལེགས་བཅོས་ཆེན་པོ་བྱས་པའི་གྲུབ་འབྲས་ཡིན་ཞིང་ལག་རྩལ་དང་ནུས་པ་གང་ཐད་ནས་ཀྱང་མཐོར་འདེགས་བྱུང་ཡོད་དེ། དཔེར་ན། དེ་ནི་རིམ་པ་གཉིས་པའི་གཤེར་གཟུགས་སྐྱེལ་འདྲེན་མེ་ཤུགས་འཕུར་མདའ་ཞིག་ཡིན་པར་མ་ཟད། སྐུལ་འདེད་རྫས་ནི་དབྱུང་བཞི་ཧྲན་གཉིས་འགྱུར་དང་པེན་ཨར་ཀྲ་ཅིན་བཀོལ་བ། དེ་ལ་གྲངས་ཀའི་ཚོད་འཛིན་མ་ལག་སྒྲིག་ཡོད། གནད་ལ་འཁེལ་བའི་སྒོ་ནས་བཤད་ན། ཚོད་འཛིན་སྟེ་ཁྲིད་མ་ལག་དང་རྣམ་འགྱུར་ཚོད་འཛིན་མ་ལག་ལྡན་ཡོད། འདི་གཉིས་ཀྱི་སྔ་མས་མེ་ཤུགས་འཕུར་མདའ་སྔོན་བཀོད་འཁོར་ལམ་བརྒྱུད་ནས་འཕུར་སྐྱོད་བྱེད་པར་ཚོད་འཛིན་བྱེད་པ་དང་། ཕྱི་མས་མེ་ཤུགས་འཕུར་མདའི་འཕུར་སྐྱོད་རྣམ་པ་བརྟན་པོར་ཡོང་བ་བྱས་ཏེ་མེ་ཤུགས་འཕུར་མདའི་སྤུས་ཚད་བསྐོར་ནས་འཁོར་སྐྱོད་བྱེད་པར་ཚོད་འཛིན་བྱེད་པ་ཡིན། ཁྲང་ཀྲིན་ཡང་རྟགས་གཉིས་པས་སྐབས་དེའི་གསར་དུ་ཞིབ་བཟོ་བྱས་པའི་འདེད་ཤུགས་ཤེད་འཕྲུལ་ཏུན75སྤྱོད་པ་དང་། ཕྱིས་སུ་ཀྲུང་གོའི་སྐྱེལ་འདྲེན་མེ་ཤུགས་འཕུར་མདའ་ཚང་མས་ཤེད་འཕྲུལ་དེ་རྨང་གཞིར་བྱས་ཡོད། མེ་ཤུགས་འཕུར་མདའ་དེའི་རིང་ཚད་སྨི32.6དང་། ཚངས་ཐིག་སྨི3.35དང་འཕུར་དུས་སྤུས་ཚད་ཏུན190ཡིན། ས་ངོས་དང་ཉེ་བའི་འཁོར་ལམ་གྱི་སྐྱེལ་འདྲེན་ནུས་པ་ཏུན1.8ཡིན།

ཁྲང་ཀྲིན་ཡང་རྟགས་གཉིས་པ་ནི1970ལོར་ཕྱིར་ལོག་རྣམ་པའི་སྲུང་སྐར་འཕེན་གཏོང་བྱེད་ཆེད་ལས་གཞི་བཏོན་པ་ཞིག་ཡིན། 1974ལོའི་ཟླ11པའི་ཚེས5ཉིན་ཐོག་མར་འཕེན་གཏོང་ལེགས་འགྲུབ་མ་བྱུང་། 1975ལོའི་ཟླ11པའི་ཚེས26ཉིན་གྱི་འཕེན་གཏོང་ཐེངས་གཉིས་པ་ལེགས་གྲུབ་བྱུང་། མེ་ཤུགས་འཕུར་མདའ་འདི་ད་ལྟ་ཕྱིར་འཐེན་བྱས་ཡོད་ཅིང་། བསྡོམས་པས་འཕེན་གཏོང་ཐེངས4ལ་བྱས་པ་དང་ཐེངས3ལ་ལེགས་གྲུབ་བྱུང་ཡོད། འདི་ནི་རང་རྒྱལ་གྱི་གཤེར་གཟུགས་སྐྱེལ་འདྲེན་མེ་ཤུགས་འཕུར་མདའ་ཐོག་མ་ཡིན་པའི་ཆ་ནས། རང་རྒྱལ་ནི་ཨ་རི་དང་ཨུ་རུ་སུའི་རྗེས་སུ་ཕྱིར་ལོག་རྣམ་པའི་མིས་བཟོས་འཁོར་སྐར་ལག་རྩལ་ཞིབ་བཟོ་དང་འཕེན་གཏོང་བྱེད་པའི་བར་སྣང་རྒྱལ་ཁབ་ཆེན་པོ་ཡང་གསུམ་པར་གྱུར་ཡོད།

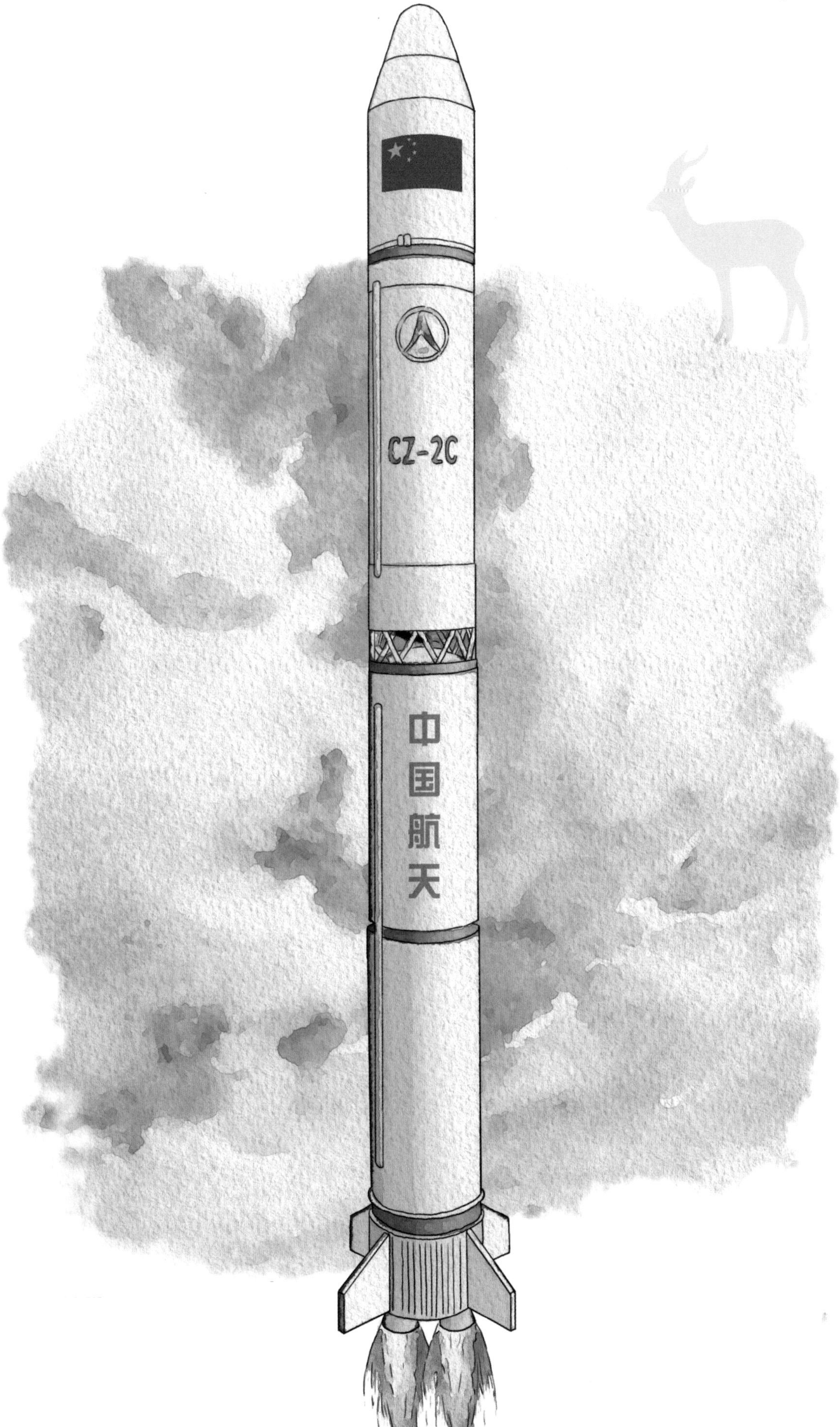
CZ-2C
中国航天

# 35 长征六号运载火箭

## ཁྲང་ཀྲིན་ཡང་རྟགས་དྲུག་པའི་སྐྱེལ་འདྲེན་མེ་ཤུགས་འཕུར་མདའ།

2015年9月20日7时1分，我国新型运载火箭长征六号，将多达20颗微小卫星成功送入太空。这不仅标志着长征系列运载火箭家族再添新成员，也创造了一箭多星的亚洲纪录，对中国运载火箭的后续发展具有里程碑意义。

作为我国新一代运载火箭的首飞箭，长征六号“新”在哪呢？一是模式新，以往的火箭必须分段运输，再在发射场完成复杂的垂直吊装和测试，而这次却采用了更简捷的水平模式，即，水平整体测试、水平整体星箭对接、水平整体运输，然后起竖发射；二是发动机技术新，比如，首次采用了最新的高压、无毒、大推力、无污染的发动机，起飞推力达1200千牛顿；三是电气系统新，将控制、测量、供配电等一起组成全新的电气系统，实现了箭上信息一体化、供配电一体化和地面测、发、控一体化，从而有效提高了火箭指挥系统的先进性、可靠性与适应性；四是工艺新，在设计中采用了全箭数字化协同研发及一体化总装集成技术，将设计转化为实物，充分展现了“智造”新工艺。

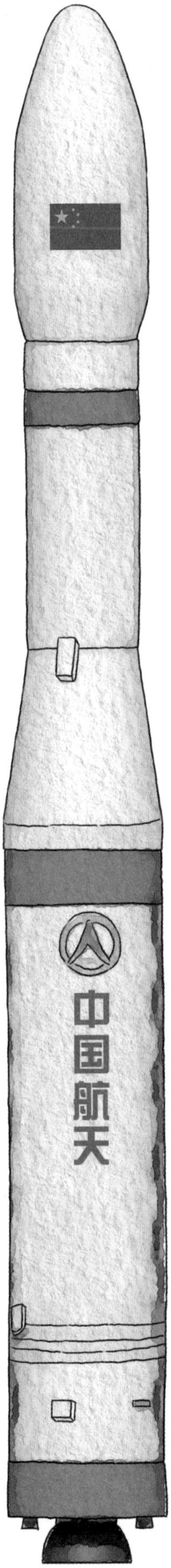


2015ལོའི་ཟླ9པའི་ཚེས20ཉིན་གྱི་དུས་ཚོད7དང་སྐར་མ1སྟེང་དུ། རང་རྒྱལ་གྱི་སྐྱེལ་འདྲེན་མེ་ཤུགས་འཕུར་མདའ་གསར་པ་ཁྲུང་ཀྲིན་ཨང་རྟགས་དྲུག་པས་སྤུང་སྐར་ཆུང་དུ20ཙམ་བར་སྣང་དུ་བདེ་བླག་ངང་སྐྱེལ། དེས་ཁྲུང་ཀྲིན་རིམ་སྤེལ་སྐྱེལ་འདྲེན་མེ་ཤུགས་འཕུར་མདའི་ཁྱིམ་རྒྱུད་ལ་སླར་ཡང་ཁོངས་མི་གསར་པ་བསྣན་པ་མཚོན་པར་མ་ཟད། མདའ་གཅིག་སྐར་མང་གི་ཨེ་ཤ་ཡའི་ཟིན་ཐོ་གསར་པ་བསྐྲུན་པས་ཀྲུང་གོའི་སྐྱེལ་འདྲེན་མེ་ཤུགས་འཕུར་མདའི་རྗེས་ཀྱི་འཕེལ་རྒྱས་ལ་ལམ་ཚད་རྡོ་རིང་བསླངས་པ་ལྟ་བུའི་དོན་སྙིང་ལྡན་ནོ། །

རང་རྒྱལ་གྱི་རབས་གསར་པའི་སྐྱེལ་འདྲེན་མེ་ཤུགས་འཕུར་མདའི་འཕུར་མདའ་ཐོག་མ་ཡིན་པའི་ངོས་ནས། ཁྲུང་ཀྲིན་ཨང་རྟགས་དྲུག་པ་འདི་གང་ནས"གསར་པ"ཡིན་ནམ་ཞེ་ན། གཅིག་ནི་རྣམ་པ་གསར་པ་ཡིན་ཏེ། སྔོན་ཆད་ཀྱི་མེ་ཤུགས་འཕུར་མདས་ངེས་པར་རིམ་དབྱེ་སྐྱེལ་འདྲེན་བྱེད་དགོས་པ་དང་། དེ་ནས་འཕེན་གཏོང་ར་བ་ནས་རྐྱག་འཛིང་ཆེ་བའི་དྲང་འཕྱང་དཔྱང་བསྒྲིག་དང་ཚོད་ལྟ་ཞིགས་སྒྲུབ་བྱེད་དགོས་མོད། ད་རེབ་དེ་བས་སྐབས་བདེའི་སྙོམས་ངོས་རྣམ་པ་སྤྱད་ཡོད་པ་སྟེ། སྙོམས་ངོས་ཧྲིལ་པོར་ཚོད་ལྟ་དང་། སྙོམས་ངོས་ཧྲིལ་པོའི་སྐར་མདའ་སྦྲེལ་མཐུད། སྙོམས་ངོས་ཧྲིལ་པོའི་སྐྱེལ་འདྲེན་བཅས་བྱས་རྗེས་ཡར་བསླངས་ནས་འཕེན་གཏོང་བྱེད་དགོས། གཉིས་ནི་ཤེད་འཕྲུལ་ལག་རྩལ་གསར་པ་ཡིན་ཏེ། དཔེར་ན། ཆེས་གསར་བའི་མཐོ་གནོན་དང་དུག་མེད། འདེད་ཤུགས་ཆེན་པོ། སྦགས་བཙོག་མེད་པ་བཅས་ཀྱི་ཤེད་འཕྲུལ་ཐོག་མར་སྤྱད་པ་དང་། འཕུར་དུས་འདེད་ཤུགས་ཉིའུ་ཊུན་སྟོང1200ཟིན། གསུམ་ནི་གློག་ཀླད་མ་ལག་གསར་པ་ཡིན་ཏེ། ཚོད་འཛིན་དང་ཚད་འཇལ། གློག་གཏོང་སོགས་ཀྱིས་མཉམ་དུ་གློག་ཀླད་མ་ལག་གསར་རྐྱང་ཞིག་གྲུབ་པས་མེ་ཤུགས་འཕུར་མདའི་སྟེང་གི་ཆ་འཕྲིན་གཞི་གཅིག་ཅན་དང་། གློག་འདོན་གཞི་གཅིག་ཅན། ས་ངོས་ཀྱི་ཚོད་ལེན་དང་འཕྲིན་གཏོང་ཚོད་འཛིན་བཅས་གཞི་གཅིག་ཅན་མངོན་འགྱུར་བྱུང་སྟེ། མེ་ཤུགས་འཕུར་མདའི་བཀོད་འདོམས་མ་ལག་གི་སྔོན་ཐོན་རང་བཞིན་དང་། ཡིད་རྟོན་རང་བཞིན། འཕྲོད་ནུས་རང་བཞིན་བཅས་མཐོར་འདེགས་བཏང་ཡོད། བཞི་ནི་བཟོ་རྩལ་གསར་པ་སྟེ། འཆར་འགོད་བྱེད་དུས་མདའ་ཡོངས་གྲངས་གཞི་ཅན་གྱི་མཐུན་སྦྱོར་ཞིབ་སྤེལ་དང་གཞི་གཅིག་ཅན་གྱི་སྤྱིའི་སྒྲིག་སྦྱོར་འདུས་གྲུབ་ལག་རྩལ་སྤྱད་དེ་འཆར་འགོད་དངོས་པོར་བསྒྱུར་ཏེ"རིག་སྐྱུན"གྱི་བཟོ་རྩལ་གསར་པ་གང་ཞིག་མངོན་པར་བྱས་ཡོད་དོ། །

# 36 长征八号运载火箭

## ཁྲང་ཀྲིན་ཡང་རྟགས་བརྒྱད་པའི་སྐྱེལ་འདྲེན་མེ་ཤུགས་འཕུར་མདའ།

2020年12月22日，我国自主研制的新型中型运载火箭长征八号，在文昌航天发射场实验成功啦！它填补了我国太阳同步轨道5吨级运载能力的空白，对运载火箭升级换代具有重要意义，它将与长征五号、长征六号、长征七号等一起构成我国运载能力大、中、小布局合理的新一代运载火箭型谱。

长征八号的模块化结构，使其搭载能力大幅提高，弥补了我国在太阳同步轨道和地球同步轨道上发射能力的不足。它采用的火箭发动机推进剂是液氢和液氧，燃烧后产生的是水，从而真正实现了无毒无污染的零排放，而且燃料所产生的推力十分巨大。它采用了多种可回收式的设计，为今后的火箭回收和重复利用技术奠定了基础，比如，突破了火箭发动机多次启动技术、发动机推力的可调技术、火箭隔热及精细控制火箭降落瞬间的速度和位置的技术等。

长征八号是一款性价比高、安全性能好的运载火箭，它将有力带动和牵引中国中低轨道卫星的发展，满足未来中低轨道高密度发射任务需求。同时，它也将是中国商用火箭的主力军之一，能提供更具国际竞争力的商业卫星发射服务。

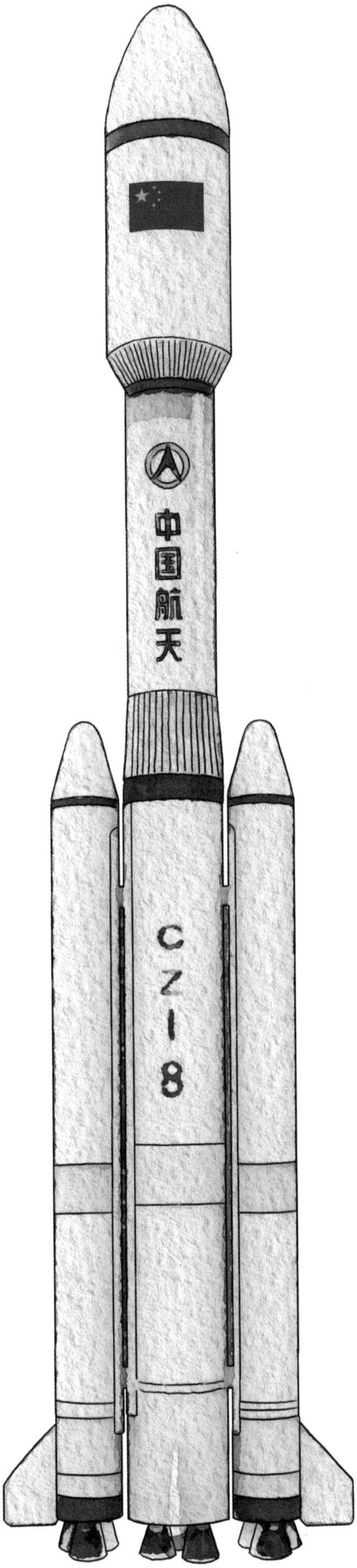


2020ལོའི་ཟླ12པའི་ཚེས22ཉིན། རང་རྒྱལ་གྱིས་རང་བདག་ཞིབ་བཟོ་བྱས་པའི་འབྲིང་རིམ་སྐྱེལ་འདྲེན་མེ་ཤུགས་འཕུར་མདའ་ཁྲང་ཀྲིན་ཨང་རྟགས་བརྒྱད་པ་ལྷུན་ཁྲང་མཁའ་བསྐྱོད་འཕུར་མདའ་འཕེན་གཏོང་ར་བ་ནས་ཚོད་ལྟ་ལེགས་གྲུབ་བྱུང་། དེས་རང་རྒྱལ་གྱི་ཉི་མའི་དུས་མཉམ་འཁོར་ལམ་གྱི་ཏུན5རིམ་པའི་སྐྱེལ་འདྲེན་ནུས་པའི་སྟོང་ཆ་བསྐངས་པས། སྐྱེལ་འདྲེན་མེ་ཤུགས་འཕུར་མདའ་རིམ་སྤོར་རབས་བརྗེ་ལ་དོན་སྙིང་གལ་ཆེན་ལྡན་ནོ། །དེ་དང་ཁྲང་ཀྲིན་ཨང་རྟགས་ལྔ་པ་དང་ཁྲང་ཀྲིན་ཨང་རྟགས་དྲུག་པ། ཁྲང་ཀྲིན་ཨང་རྟགས་བདུན་པ་སོགས་དང་མཉམ་དུ་རང་རྒྱལ་གྱི་སྐྱེལ་འདྲེན་ནུས་པ་ཆེ་འབྲིང་ཆུང་གསུམ་གྱི་རབས་གསར་བའི་སྐྱེལ་འདྲེན་མེ་ཤུགས་འཕུར་མདའི་སྒྲིག་བཀོད་ལུགས་མཐུན་གྱི་བཟོ་དབྱིབས་གསར་བ་ཞིག་ཏུ་གྱུར་ཡོད།

ཁྲང་ཀྲིན་ཨང་རྟགས་བརྒྱད་པའི་དཔེ་དུམ་ཅན་གྱི་སྒྲིག་གཞིས་དེའི་ཐིག་ཤུགས་ཆེ་ཙ་ཕྱིན་ཏེ། རང་རྒྱལ་གྱིས་ཉི་མའི་དུས་མཉམ་འཁོར་ལམ་དང་སའི་གོ་ལའི་དུས་མཉམ་འཁོར་ལམ་དུ་འཕེན་གཏོང་བྱེད་ནུས་ཀྱི་སྟོང་ཆ་ཁ་གསབ་བྱས། དེས་བཀོལ་བའི་མེ་ཤུགས་འཕུར་མདའི་ཤེད་འཕྲུལ་གྱི་སྨུལ་འདེད་རྫས་ནི་གཤེར་ཆིང་དང་གཤེར་དབྱང་ཡིན་ལ། འབར་རྫེས་ཐོན་པ་ནི་ཆུ་ཡིན་པས། དུག་དང་སྦགས་བཙོག་མེད་པའི་ཕྱིར་གཏོང་མཚོན་འགྱུར་བྱས་པར་མ་ཟད་འབར་རྫས་ལས་བྱུང་བའི་འདེད་ཤུགས་ཀྱང་ཧ་ཅང་ཆེ། དེས་ཚུར་བསྡུ་ཚོག་པའི་འཆར་འགོད་སྔ་ཚོགས་སྤྱད་དེ། རྫེས་ཀྱི་མེ་ཤུགས་འཕུར་མདའ་ཚུར་བསྡུ་དང་བསྐྱར་སྤྱོད་ལག་རྩལ་ལ་རྨང་གཞི་བཏིངས་ཡོད་དེ། དཔེར་ན། མེ་ཤུགས་འཕུར་མདའི་ཤེད་འཕྲུལ་ཐེངས་མང་སྐོར་བའི་ལག་རྩལ་དང་། ཤེད་འཕྲུལ་འདེད་ཤུགས་ཀྱི་སྙོམ་སྒྲིག་ལག་རྩལ། མེ་ཤུགས་འཕུར་མདའི་ཚ་བ་སེལ་བ་དང་དེ་བཞིན་མེ་ཤུགས་འཕུར་མདའ་འབབ་པའི་མྱུར་ཚད་དང་གནས་ཡུལ་ཞིབ་ཚགས་ཚོད་འཛིན་ལག་རྩལ་སོགས་ཐོད་རྒལ་བྱས་ཡོད།

ཁྲང་ཀྲིན་ཨང་རྟགས་བརྒྱད་པ་ནི་ཕྱུས་གོང་བསྡུར་ཚད་མཐོ་བ་དང་བདེ་འཇགས་གཤིས་ནུས་ལེགས་པའི་སྐྱེལ་འདྲེན་མེ་ཤུགས་འཕུར་མདའ་ཞིག་ཡིན། དེས་ཁྱུང་གོའི་འཁོར་ལམ་འབྲིང་དམའི་སྲུང་སྐར་གྱི་འཕེལ་རྒྱས་ལ་སྐུལ་འདེད་དང་སྣེ་ཁྲིད་ཀྱི་ནུས་པ་བཏོན་ཏེ། འབྱུང་འགྱུར་གྱི་འཁོར་ལམ་འབྲིང་དམའི་འདུས་ཚད་མཐོ་བའི་འཕེན་གཏོང་ལས་འགན་གྱི་དགོས་མཁོ་སྐོང་ཐུབ། དེའི་མཚུངས་སུ། དེ་ནི་ཀྲུང་གོའི་ཚོང་སྤྱོད་མེ་ཤུགས་འཕུར་མདའི་གཙོ་ཤུགས་དམག་གྲས་ཀྱང་ཡིན་པས། རྒྱལ་སྤྱིའི་འགྲན་རྩོད་ནུས་པ་ཆེ་བའི་ཚོང་ལས་སྲུང་སྐར་འཕེན་གཏོང་ཞབས་ཞུ་མཁོ་སྤྲོད་བྱེད་ཐུབ་བོ། །

# 37 一箭双星

## མདའ་གཅིག་སྐར་གཉིས།

一箭双星，就是用一枚运载火箭同时或先后将两颗卫星送入地球轨道。2019年11月23日上午8时55分，我国在西昌卫星发射中心用长征三号乙运载火箭，以一箭双星方式成功发射第50、第51颗北斗导航卫星。与我国的北斗系统的50余颗卫星相比，截至2019年6月底，美国的GPS导航系统只有31颗，欧盟的“伽利略”导航系统只有22颗，俄罗斯的“格洛纳斯”导航系统只有24颗，日本只有4颗区域性卫星，印度的导航卫星则只有6颗。

一箭双星的成功发射，对我国航天事业的快速发展具有重大意义。比如，它能提高北斗卫星导航系统所覆盖区域的导航定位精度，有助于北斗卫星导航系统逐步拓展到交通运输、气象、渔业、林业、电信、水利、测绘等应用领域，尽快产生更显著的经济效益和社会效益。

目前，一箭双星技术在我国已基本成熟，比如，仅仅是在随后的2020年，我国就成功进行了至少5次一箭双星发射。

མདའ་གཅིག་སྐར་གཉིས་ནི་སྐྱེལ་འདྲེན་མེ་ཤུགས་འཕུར་མདའ་གཅིག་གིས་དུས་མཚུངས་སུ་ཡང་ན་སྔ་རྗེས་སུ་སྲུང་སྐར་གཉིས་སའི་གོ་ལའི་འཁོར་ལམ་དུ་བསྐྱལ་བ་ལ་གོ །2019ལོའི་ཟླ11པའི་ཚེས23ཉིན་གྱི་སྔ་དྲོའི་ཆུ་ཚོད8དང་སྐར་མ55སྟེང་དུ། རང་རྒྱལ་གྱིས་ཞི་ཁྲང་སྲུང་སྐར་འཕེན་གཏོང་ལྟེ་གནས་སུ་ཁྲང་ཀྲིན་ཨང་རྟགས་གསུམ་པའི་ཁ་པའི་སྐྱེལ་འདྲེན་མེ་ཤུགས་འཕུར་མདའ་སྤྱད་དེ་མདའ་གཅིག་སྐར་གཉིས་རྣམ་པས་པེ་ཏིག་ཕྱོགས་སྟོན་སྲུང་སྐར་ཨང་རྟགས50དང་ཨང་རྟགས51འཕེན་གཏོང་བྱས་ཏེ་ལེགས་གྲུབ་བྱུང་། རང་རྒྱལ་གྱི་པེ་ཏིག་མ་ལག་གི་སྲུང་སྐར50ལྷག་དང་བསྡུར་ན། 2019ལོའི་ཟླ6པའི་ཟླ་མཇུག་བར་ཨ་རིའི་GPSཕྱོགས་སྟོན་མ་ལག་ལ་སྲུང་སྐར31ལས་མེད་པ་དང་། ཡོ་རོབ་མནའ་འབྲེལ་གྱི“ཅ་ལི་ལུའི”ཕྱོགས་སྟོན་མ་ལག་ལ་སྲུང་སྐར22ལས་མེད་པ། ཨུ་རུ་སུའི“ཀེ་ལུའོ་ན་སི”ཕྱོགས་སྟོན་མ་ལག་ལ་སྲུང་སྐར24ལས་མེད་པ། འཇར་པན་ལ་ས་ཁོངས་རང་བཞིན་གྱི་སྲུང་སྐར4ལས་མེད་པ། ཧིན་རྡུ་ལ་ཕྱོགས་སྟོན་སྲུང་སྐར6ཙམ་ལས་མེད་པ་བཅས་ཡིན།

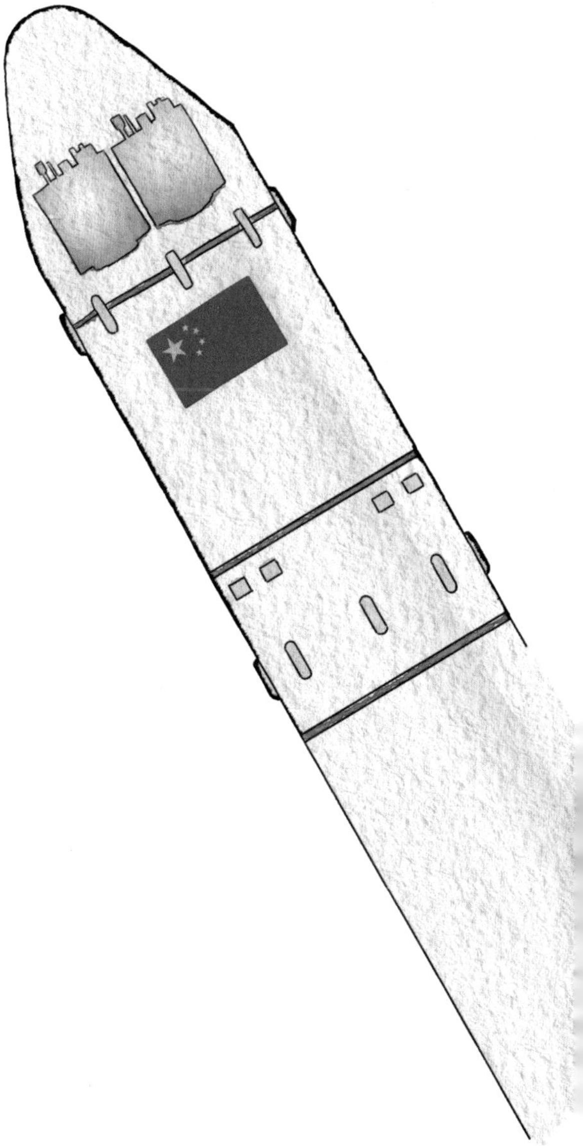

མདའ་གཅིག་སྐར་གཉིས་འཕེན་གཏོང་ལེགས་གྲུབ་བྱུང་བ་དེས་རང་རྒྱལ་གྱི་དབྱིངས་སྐྱོད་ལས་དོན་མགྱོགས་མྱུར་ངང་འཕེལ་རྒྱས་འགྲོ་བར་དོན་སྙིང་གལ་ཆེན་ལྡན་ཏེ། དཔེར་ན། དེས་པེ་ཏིག་སྒྲུང་སྐར་ཕྱོགས་སྟོན་མ་ལག་གིས་ཁྱབ་པའི་ས་ཁོངས་ཀྱི་ཕྱོགས་སྟོན་གནས་ཐིག་གཏན་ཁེལ་ཞིབ་ཚད་ཇེ་མཐོར་གཏོང་ཐུབ་པ་དང་། པེ་ཏིག་སྒྲུང་སྐར་ཕྱོགས་སྟོན་མ་ལག་རིམ་གྱིས་འགྲིམ་འགྲུལ་སྐྱེལ་འདྲེན་དང་། གནམ་གཤིས། ཉ་ལས། ནགས་ལས། གློག་འཁྲིན། ཆུ་བེད། ཚད་འཇལ་རིས་འབྲི་སོགས་ཀྱི་བེད་སྤྱོད་ཁྱབ་ཁོངས་སུ་རྒྱ་བསྐྱེད་གཏོང་བར་ཕན་ཐོགས་ཡོད་པར་མ་ཟད། མགྱོགས་མྱུར་ངང་དཔལ་འབྱོར་ཕན་འབྲས་དང་སྤྱི་ཚོགས་ཕན་འབྲས་སྟེར་ལས་མངོན་གསལ་ཡོན་ཐུབ།

མིག་སྔར་མདའ་གཅིག་སྐར་གཉིས་ཀྱི་ལག་རྩལ་རང་རྒྱལ་དུ་གཞི་རྩའི་ཆ་ནས་བྱུང་ཆུབ་པར་གྱུར་ཡོད་དེ། དཔེར་ན། དེའི་རྗེས་ཀྱི2020ལོ་ཁོ་ནར་རང་རྒྱལ་དུ་ཏག་ཏག་ཤུང་མཐར་ཡང་མདའ་གཅིག་སྐར་གཉིས་འཕེན་གཏོང་ཐེངས5བྱས་སོ། །

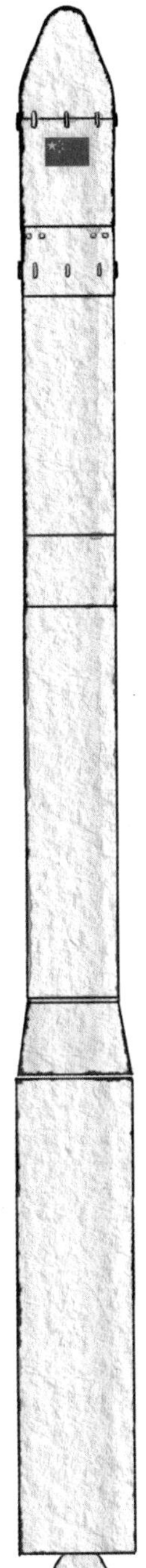

# 38 海上发射运载火箭

## མཚོ་ཐོག་ནས་སྐྱེལ་འདྲེན་མེ་སྒྲོགས་འཕུར་མདའ་བཏང་བ།

2019年6月5日12时6分，长征十一号运载火箭在我国黄海海域发射，将捕风一号等7颗卫星送入约600公里高度的圆形轨道，从而宣告我国运载火箭首次海上发射技术试验圆满成功，突破了海上发射稳定性、安全性、可靠性等关键技术，全面验证了海上发射试验流程，为我国快速进入空间提供了新的发射模式。

聪明的你可能会问了，为什么要去海上发射呢？原来与陆地常规发射相比，海上发射具有显著优势。比如，若在陆地发射，就必须对火箭助推器等分离体的可能落区进行人口疏散，确保地面人员安全。而通过海上航行，则可灵活选择发射点和落区。又比如，在临近赤道的地方发射卫星，不仅能节省卫星调姿的燃料，还能最大限度地利用地球自转为火箭省力。

海上发射难在哪儿呢？哇，新困难太多啦，比如，起伏波动的海上平台就给发射带来了新挑战。又比如，在陆地发射时，火箭的控制和监测信号等可用更安全成熟的有线通信系统来传输，而海上发射就没这个便利条件了。

2019ལོའི་ཟླ6པའི་ཚེས5ཉིན་གྱི་ཉིན་གུང་གི་ཆུ་ཚོད12དང་སྐར་མ6སྟེང་དུ། ཁྲང་ཀྲིན་ཨང་རྟགས་བཅུ་གཅིག་པའི་སྐྱེལ་འདྲེན་མེ་ཤུགས་འཕུར་མདའ་རང་རྒྱལ་གྱི་ཧོང་ཧའི་མཚོ་ཁོངས་སུ་འཕེན་གཏོང་བྱས་ཏེ། ཕོ་ཧྲིན་ཨང་རྟགས་དང་པོ་སོགས་སྲུང་སྐར7མཐོ་ཚད་སྤྱི་ལེ600ཙམ་གྱི་སྒོར་དབྱིབས་འཁོར་ལམ་དུ་བསྐྱལ་བས། རང་རྒྱལ་གྱི་མཚོ་ཐོག་ནས་སྐྱེལ་འདྲེན་མེ་ཤུགས་འཕུར་མདའ་འཕེན་གཏོང་གི་ལག་རྩལ་ཚོད་ལྟ་ཐེངས་དང་པོ་བདེ་བླག་ངང་ལེགས་གྲུབ་བྱུང་བ་བསྒྲགས། དེས་མཚོ་ཐོག་གི་འཕེན་གཏོང་བརྟན་བརླིང་རང་བཞིན་དང་བདེ་འཇགས་རང་བཞིན། ཡིད་རྟོན་རང་བཞིན་སོགས་ཀྱི་གནད་འགག་ལག་རྩལ་ལས་ཐོད་རྒལ་བྱུང་། ཕྱོགས་ཡོངས་ནས་མཚོ་ཐོག་གི་འཕེན་གཏོང་ཚོད་ལྟའི་བརྒྱུད་རིམ་ལ་ཞིབ་བཤེར་བྱས་ཤིང་། རང་རྒྱལ་མགྱོགས་མྱུར་ངང་མཁའ་སྐྱོད་ལ་ཞུགས་པར་དཔེ་རྣམ་གསར་བ་ཞིག་འདོན་སྤྲོད་བྱས་པ་རེད།

སྤྱང་གྲུང་ལྡན་པ་ཁྱོད་ཀྱིས་མཚོ་ཐོག་ཏུ་འཕེན་གཏོང་བྱེད་དོན་ཅི་ཡིན་ཞེས་འདྲི་སྲིད་དེ། ས་གཞིར་སྐམ་སའི་རྒྱུན་ལྡན་འཕེན་གཏོང་དང་བསྡུར་ན་མཚོ་ཐོག་འཕེན་གཏོང་ལ་ལེགས་ཆ་མངོན་གསལ་དོད་པོ་ལྡན་ཏེ། དཔེར་ན། གལ་ཏེ་སྐམ་སར་འཕེན་གཏོང་བྱས་ན། ངེས་པར་དུ་མེ་ཤུགས་འཕུར་མདའི་སྐུལ་འདེད་འཕྲུལ་ཆས་སོགས་དབྱེ་འབྱེད་གཟུགས་ཀྱི་ལྷུང་ཁུལ་དུ་མི་འབོར་ཁ་འགྲེམས་བྱས་ནས་གནས་དེའི་མི་སྣའི་བདེ་འཇགས་འགན་ལེན་བྱེད་དགོས། མཚོ་ཐོག་ཏུ་བསྐྱོད་ན་འཕེན་གཏོང་བྱེད་གནས་དང་ལྷུང་ཁུལ་སྟབས་བསྟུན་གྱིས་གདམ་ཆོག་པ་ལྟ་བུ། ཡང་དཔེར་ན། ཐིག་དམར་ལ་ཉེ་བའི་ས་ཆར་འཁོར་སྐར་བཏང་ན། འཁོར་སྐར་གྱི་རྣམ་པ་སྙོམ་སྒྲིག་བྱེད་པའི་འབར་རྫས་གྲོན་ཆུང་བྱེད་ཐུབ་པར་མ་ཟད། ད་དུང་གང་ནུས་ཀྱིས་སའི་གོ་ལ་རང་འཁོར་གྱིས་མེ་ཤུགས་འཕུར་མདའི་ཤུགས་གྲོན་ཆུང་བྱེད་ནུས་ཐོན་ཐུབ་པ་ཡིན།

མཚོ་ཐོག་གི་འཕེན་གཏོང་ལ་དཀའ་ཁག་གང་ཡོད་དམ་ཞེ་ན། དཀའ་ཁག་གསར་པ་ཏ་ཙང་མང་སྟེ། དཔེར་ན། འཕར་ཆག་རླབས་འགྱུལ་གྱི་མཚོ་ཐོག་ལས་སྟེགས་ཀྱིས་འཕེན་གཏོང་ལ་འགྲན་སློང་གསར་པ་ཡོད་པ་ལྟ་བུ། ཡང་དཔེར་ན། སྐམ་སར་འཕེན་གཏོང་བྱེད་སྐབས། མེ་ཤུགས་འཕུར་མདའི་ཚོད་འཛིན་དང་ལྟ་ཞིབ་ཚད་ལེན་བརྡ་རྟགས་སོགས་སྔར་ལས་བདེ་འཇགས་དང་བྱང་ཆུབ་པའི་སྐུད་ཡོད་འཕྲིན་གཏོང་མ་ལག་སྤྱད་དེ་བརྒྱུད་གཏོང་བྱས་ཆོག མཚོ་ཐོག་ཏུ་འཕེན་གཏོང་བྱེད་པར་སྟབས་བདེའི་ཆ་རྐྱེན་འདི་འདྲ་མེད་པ་ལྟ་བུའོ། །

# 39 迄今最大的恒星级黑洞

## ད་ལྟའི་བར་གྱི་བརྟན་སྐར་རིམ་པའི་ནག་དོང་ཆེ་ཤོས།

2019年11月28日，国际科学期刊《自然》发布了一条爆炸性新闻：来自中国、美国、西班牙、澳大利亚、意大利、波兰和荷兰7个国家29家单位的55位科学家，发现了一颗迄今为止质量最大的恒星级黑洞，同时还给出了寻找黑洞的新方法。接下来，天文学家有望再发现一大批深藏不露的“平静态”黑洞，从而开创黑洞批量发现的新纪元。

这颗70倍太阳质量的黑洞，远超理论预言的质量上限，已进入了现有恒星演化理论的“禁区”，颠覆了人们对恒星级黑洞形成的认知，将迫使天文学家改写恒星级黑洞的形成模型，有望推动恒星演化和黑洞形成理论的革新，甚至有可能推动黑洞天体物理研究的复兴。原来，目前恒星演化模型只允许在太阳金属丰度下形成最大为25倍太阳质量的黑洞。

黑洞是一种本身不发光、密度非常大的神秘天体，虽然理论预言银河系中有上亿颗恒星级黑洞，但迄今为止，天文学家仅在银河系发现了约20颗恒星级黑洞，且质量均小于20个太阳的质量。

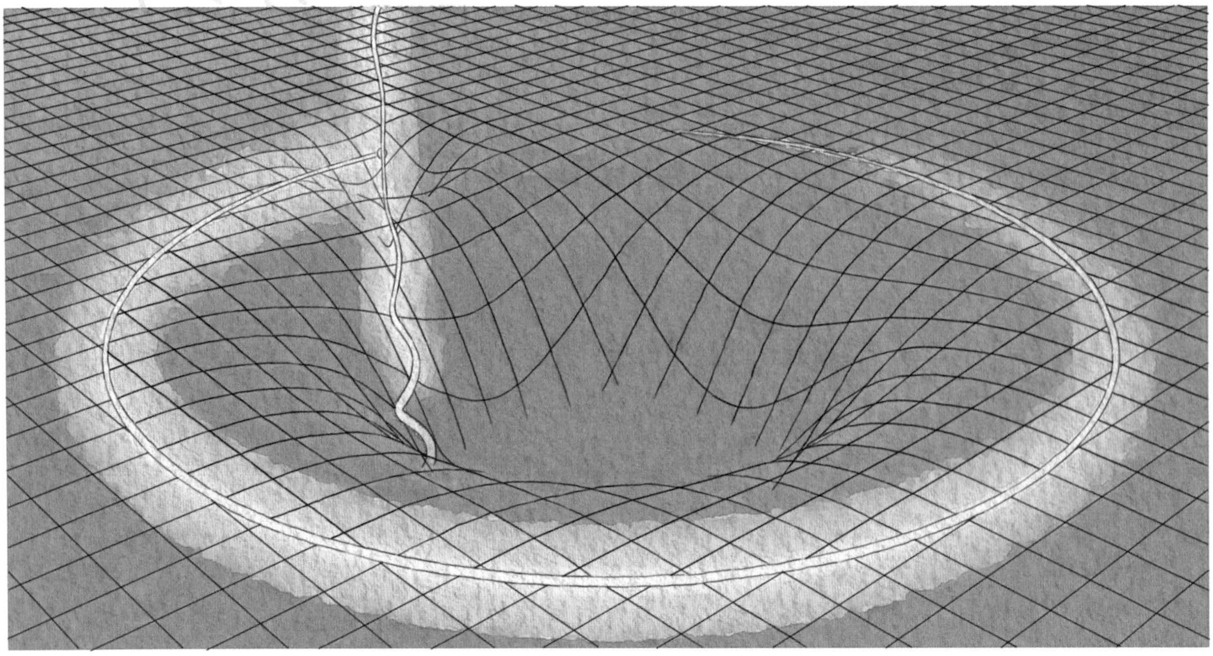

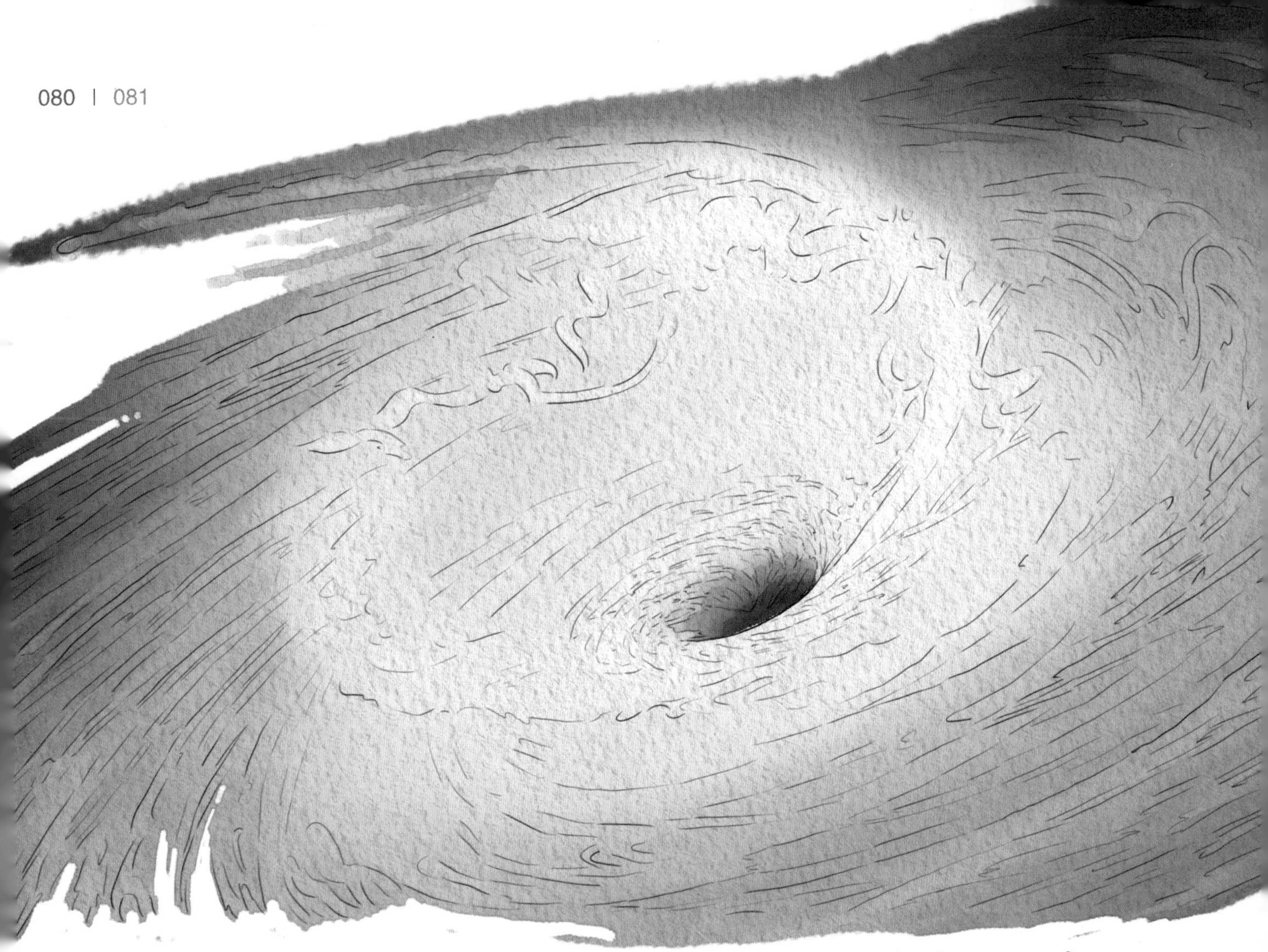

2019ལོའི་ཟླ་11པའི་ཚེས་28ཉིན་རྒྱལ་སྤྱིའི་ཚན་རིག་དུས་དེབ《རང་བྱུང》སྟེང་དུ་གྲག་འགྱུལ་བཟོས་པའི་གསར་འགྱུར་ཞིག་ཁྱབ་བསྒྲགས་བྱས་པ་སྟེ། ཀྲུང་གོ་དང་ཨ་རི། སི་ཕེན། ཨོ་སི་ཁྲུ་ལི་ཡ། དབྱི་ཐ་ལི། ཕོ་ལན། ཧོ་ལན་བཅས་རྒྱལ་ཁབ7ཀྱི་ལས་ཁུངས29ཡི་ཚན་རིག་པ55ཡིས་ད་ལྟའི་བར་གྱི་སྤུས་ཚད་ཆེ་ཤོས་ཀྱི་བརྟན་སྐར་རིམ་པའི་ནག་དོང་ཞིག་རྙེད་པ་དང་ཆབས་ཅིག་ཏུ། ད་དུང་ནག་དོང་འཚོལ་ཐབས་གསར་པ་ཞིག་ཀྱང་བརྗོད་ཡོད། དེའི་རྗེས་སུ་གནམ་དཔྱད་རིག་པ་བས་གཉིང་ཟབ་པའི་སྒོ་ནས"ལྡིང་འཛགས་རྣམ་པའི"ནག་དོང་མང་པོ་ཞིག་སླར་ཡང་ཤེས་རྟོགས་འབྱུང་བར་རེ་བ་བཅངས། དེ་ནས་བཟུང་ནག་དོང་འཕོར་ཆེན་ཤེས་རྟོགས་ཐུབ་པའི་དུས་རབས་གསར་པ་ཞིག་གི་སྒོ་འབྱེད་དོ། །

ཉི་མའི་ལྡབ70ཡི་སྤུས་ཚད་ཀྱི་ནག་དོང་འདི་གཞུང་ལུགས་སྟོན་དཔག་གི་སྤུས་ཚད་ཚད་གཞི་ལས་ཆེས་ཆེར་བརྒལ་ཏེ། ད་ཡོད་ཀྱི་བརྟན་སྐར་རིམ་འགྱུར་གཞུང་ལུགས་ཀྱི"བཀག་སྡོམ་ཁུལ"དུ་སླེབས་པ་དང་། མི་རྣམས་ཀྱིས་བརྟན་སྐར་རིམ་པའི་ནག་དོང་གྲུབ་པའི་དོན་འཛིན་གྱི་མགོ་ཧིང་བསྒྲིགས་པས། གནམ་དཔྱད་རིག་པ་བར་བཙན་གྱིས་བརྟན་སྐར་ནག་དོང་གི་དཔེ་དབྱིབས་བསྒྱུར་དུ་བཅུག བརྟན་སྐར་རིམ་འགྱུར་དང་ནག་དོང་གྲུབ་པའི་གཞུང་ལུགས་གསར་བརྗེ་ལ་སྐུལ་འདེད་ཐེབས་པ་དང་། ཐ་ན་ནག་དོང་གནམ་གཟུགས་དངོས་ལུགས་ཞིབ་འཇུག་བསྐྱར་དར་ཡོང་བར་སྐུལ་འདེད་བྱེད་ཐུབ་པ་ཡིན། མ་གཞིར་མིག་སྔར་བརྟན་སྐར་རིམ་འགྱུར་གྱི་དཔེ་དབྱིབས་ནི་ཉི་མའི་ལྷུགས་རིགས་འདུས་པའི་འོག་ཏུ་ད་གཟོད་ཆེས་ཆེ་བའི་ཉི་མའི་སྤུས་ཚད་ལྡབ25ཡིན་པའི་ནག་དོང་ཞིག་གྲུབ་པ་ཡིན།

ནག་དོང་ནི་རང་ཉིད་ཀྱིས་འོད་མི་འཕྲོ་བ་དང་སྟུག་ཚད་ཧ་ཅང་ཆེ་བའི་སྙིག་གྱུར་གྱི་གནམ་གཟུགས་ཤིག་ཡིན། གཞུང་ལུགས་སྟོན་དཔག་གིས་དགུ་ཚིགས་མ་ལག་ཁྲོད་དུ་བརྟན་སྐར་གྱི་ནག་དོང་དུང་ཕྱུར་ལྷག་ཡོད་པར་འདོད་མོད། འོན་ཀྱང་ད་ལྟའི་བར་དུ་གནམ་དཔྱད་རིག་པ་བས་དགུ་ཚིགས་མ་ལག་ནས་བརྟན་སྐར་རིམ་པའི་ནག་དོང20ཙམ་རྙེད་པར་མ་ཟད། སྤུས་ཚད་ཆ་སྙོམས་ཀྱིས་ཉི་མ20ཡི་སྤུས་ཚད་ལས་དམའ་བའོ། །

# 40 太极一号

# ཐའེ་ཅི་ཡང་རྟགས་དང་པོ།

“太极一号”是中国首颗空间引力波探测技术实验卫星，2019年8月底发射升空，同年9月20日顺利完成第一阶段在轨测试和数据收集任务。这也意味着搭载在该星上的核心测量设备成功实现了在轨应用，为中国开展空间引力波探测奠定了坚实基础。实际上，测试结果表明，该卫星的激光干涉仪位移测量精度高达百皮米数量级，约相当于一个原子的直径；引力参考传感器测量的精度高达地球重力加速度的百亿分之一量级，微推进器推力分辨率达到亚微牛顿量级。

2021年7月，太极一号已圆满完成全部预设任务，实现了我国迄今为止最高精度的空间激光干涉测量，在国际上首次完成了微牛顿量级射频离子和霍尔两种类型的电微推技术的全部性能验证，并率先突破了我国的两种无拖曳控制技术。随后，该卫星将进一步探索载荷在轨寿命、性能极限、无拖曳控制策略的优化等扩展性实验任务。今后将有望把哈勃常数的准确度提高到千分之五，把引力波的波源定位精度提升四个数量级。

“ཐའི་ཅི་ཨང་རྟགས་དང་པོ”ནི་ཀྲུང་གོའི་བར་སྟོང་འགུག་ཤུགས་རླབས་ཀྱི་རྟོག་འཛལ་ལག་རྩལ་གྱི་ཚོད་ལྟའི་སྲུང་སྐར་ཐོག་མ་ཡིན། དེ་ནི2019ལོའི་ཟླ8པའི་ཟླ་མཇུག་ཏུ་འཕེན་གཏོང་བྱས་པ་དང་། ལོ་དེའི་ཟླ9པའི་ཚེས20ཉིན་དུས་མཚམས་དང་པོའི་འཁོར་ལམ་སྟེང་དུ་ཚོད་ལྟ་དང་གྲངས་གཞི་སྡུད་རུབ་ལས་འགན་བདེ་བླག་ངང་ལེགས་གྲུབ་བྱུང་། དེ་ལས་སྲུང་སྐར་སྟེང་དུ་སྒྲིག་པའི་དཀྱིལ་སྙིང་ཚད་འཛལ་སྒྲིག་ཆས་བདེ་བླག་ངང་འཁོར་ལམ་ཐོག་ཏུ་སྤྱོད་ཐུབ་པ་བྱུང་བས། ཀྲུང་གོས་བར་སྟོང་འགུག་ཤུགས་རླབས་ཀྱི་རྟོག་འཛལ་བྱ་རྒྱུར་རྨང་གཞི་བརྟན་པོ་བཏིངས་པ་མཚོན་ནོ། །དོན་དངོས་སུ་ཚད་ལེན་ཚོད་ལྟའི་མཇུག་འབྲས་ལྟར་ན། འཁོར་སྐར་དེའི་སྐུལ་འདེད་སྐམ་ཐེ་ཆས་ཀྱི་གནས་སྟོ་ཚད་འཛལ་ཞིབ་ཚད་ཕི་སྨི་བརྒྱའི་གྲངས་འཁོར་རིམ་པར་སླེབས་ཡོད་པ་དང་། ཧ་ལམ་མ་རྟུལ་གཅིག་གི་ཚངས་ཐིག་དང་མཚུངས་པ་ཡིན། འགུག་ཤུགས་དཔྱད་གཞིར་འཛིན་པའི་ཚོར་ཆས་ཀྱི་ཞིབ་ཚད་དེ་སའི་གོ་ལའི་ལྗིད་ཤུགས་སྟེང་འགྲོས་སྟོན་གྱི་ཚད་རིམ་དུང་ཕྱུར་བརྒྱ་ཆའི་གཅིག་གི་རིམ་པར་སླེབས་ཡོད་པ་དང་། སྐུལ་འདེད་ཕྲ་མོའི་འདེད་ཤུགས་ཀྱི་དབྱེ་འབྱེད་ཚད་ཉིའུ་ཏུན་ཆུང་ཕྲའི་ཚད་རིམ་པར་སླེབས་ཡོད།

2021ལོའི་ཟླ7པར་ཐའི་ཅི་ཨང་རྟགས་དང་པོས་ཕྱོགས་ཡོངས་སྟོན་འགོད་ལས་འགན་བདེ་བླག་ངང་ལེགས་གྲུབ་བྱུང་སྟེ། རང་རྒྱལ་གྱི་ད་ལྟའི་བར་གྱི་ཞིབ་ཚད་མཐོ་ཤོས་ཀྱི་བར་སྟོང་སྐུལ་འདེད་ཐེ་ཆས་ཚད་ལེན་མངོན་འགྱུར་བྱུང་། རྒྱལ་སྤྱིའི་སྟེང་དུ་ཉིའུ་ཏུན་ཆུང་ཕྲའི་ཚད་རིམ་ཟློས་འཕྲོའི་གྲེས་རྩལ་དང་རྟོ་ཨེར་རིགས་གཉིས་ཀྱི་གློག་ཕྲན་ལག་རྩལ་གྱི་ནུས་པ་ཚང་མ་ར་སྤྱོད་བྱས་པར་མ་ཟད། ཐོག་མར་རང་རྒྱལ་གྱི་འདྲུད་འཐེན་མེད་པའི་ཚོད་འཛིན་ལག་རྩལ་རིགས་གཉིས་ཐོད་རྒལ་བྱས། དེའི་རྗེས་སུ་སྲུང་སྐར་འདིས་མུ་མཐུད་དུ་ཐེག་ཁྱིར་འཁོར་ལམ་སྟེང་གི་ཚེ་ཚད་དང་། གཞིས་ནུས་མཐར་ཐུག འདྲུད་འཐེན་མེད་པའི་ཚོད་འཛིན་ཐབས་ཇུས་ལེགས་སྒྱུར་སོགས་རྒྱ་སྐྱེད་རང་བཞིན་གྱི་ཚོད་ལྟའི་ལས་འགན་ལས་འཆོལ་ཞིབ་བྱས། དེང་ཕྱིན་ཧ་པའོ་རྒྱུན་གྲངས་ཀྱི་ཡང་དག་ཚད་སྟོང་ཆའི་ལྷུར་རྗེ་མཐོར་གཏོང་རྒྱུ་དང་། འགུག་ཤུགས་རླབས་ཀྱི་རླབས་ཁུངས་གནས་ཐིག་ཞིབ་ཚད་ནི་གྲངས་འཁོར་རིམ་པ་བཞི་རུ་རྗེ་མཐོར་གཏོང་རྒྱུའི་རེ་བ་ཡོད་དོ། །

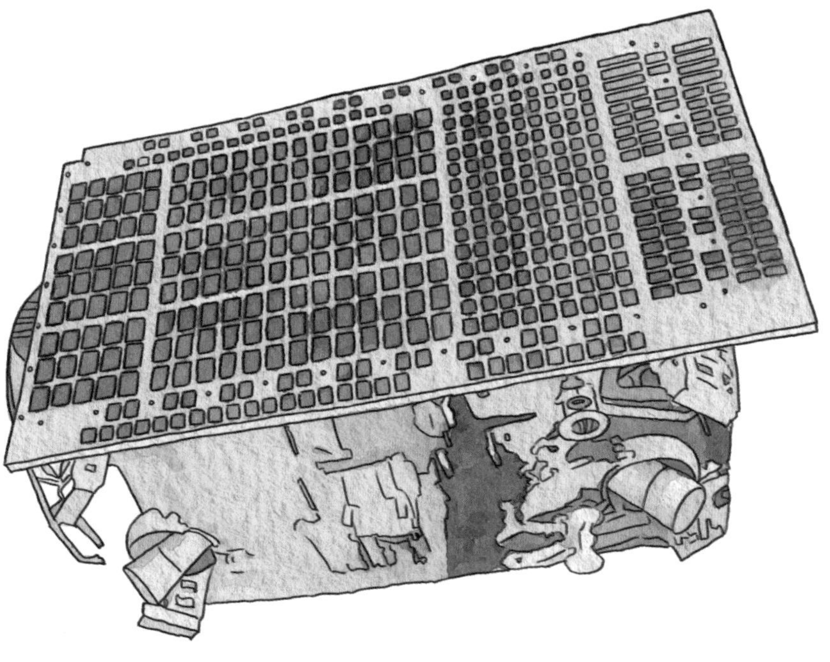

# 41 张衡一号

## ཀྲང་ཧེང་ཡང་རྟགས་དང་པོ།

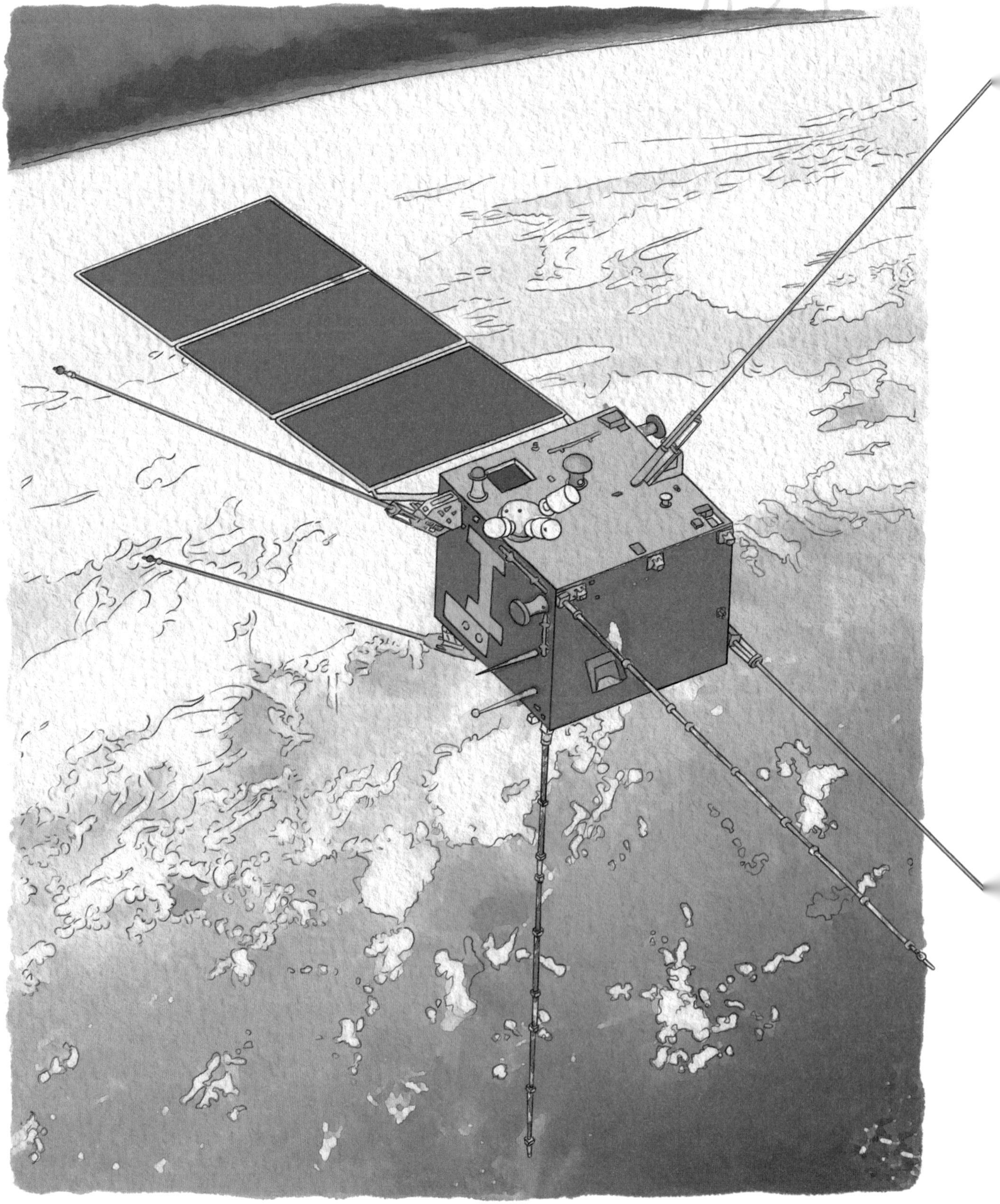

2018年2月2日，中国首颗地球物理场探测卫星，同时也是中国首颗地震观测和预报卫星“张衡一号”成功发射，这标志中国已是全球拥有同类先进卫星的第五个国家。

张衡一号意在充分发挥空对地观测的大动态、宽视角和全天候优势，实时动态监测全球空间电磁场，从而以新手段来研究地震机理，跟踪地震前兆，特别是开展全球7级、中国6级以上地震电磁信息的探索和跟踪。原来，空间电磁扰动与地震具有明显的相关性，若能构建空间监测体系，就可及时发现电磁扰动，从而加深对地震孕育规律的认识，甚至探索地震预测新方法。

此外，它还可监测地球电离层的等离子体和高能粒子沉降，为空间物理和地球物理的研究提供重要数据支持，为国家安全、航空航天和导航等提供电磁监测服务。

张衡一号在国内首次实现了低轨卫星的高精度电磁洁净控制，达到了国际先进水平，对后续空间探测具有重要意义；在国内首次实现了在轨精确磁场探测；首次实现了高精度电离层电子和离子原位的探测。

2018ལོའི་ཟླ2པའི་ཚེས2ཉིན། ཀྲུང་གོའི་སའི་གོ་ལའི་དངོས་ལུགས་ར་བའི་རྟོག་འཇལ་སྐུང་སྐར་ཐོག་མ་དང་དུས་མཚུངས་སུ་ཀྲུང་གོའི་ས་ཡོམ་ལྟ་ཞིབ་ཚད་ལེན་དང་སྔོན་བརྡའི་སྐུང་སྐར་ཐོག་མ་སྟེ“ཀྲང་ཧེང་ཨང་རྟགས་དང་པོ”བདེ་བླག་ངང་འཕེན་གཏོང་བྱས། དེས་ཀྲུང་གོ་ནི་གོ་ལ་ཧྲིལ་པོར་རིགས་མཐུན་སྔོན་ཐོན་སྐུང་སྐར་ཡོད་པའི་རྒྱལ་ཁབ་ཨང་ལྔ་པར་གྱུར་པ་མཚོན་ནོ། །

ཀྲང་ཧེང་ཨང་རྟགས་དང་པོས་བར་སྣང་ནས་ས་ངོས་ཀྱི་འགྱུལ་རྣམ་ཆེན་པོ་དང་མཐོང་ཟུར་ཡངས་པ། གནམ་གཤིས་ཡོངས་ཀྱི་དགེ་མཚན་བཅས་ཀྱི་ནུས་པ་བེད་སྤྱད་ནས་ལྟ་ཞིབ་ཚད་ལེན་བྱེད་འདོད་པར་མ་ཟད། གོ་ལ་ཧྲིལ་པོའི་བར་སྣང་གི་གློག་སྟུད་ར་བར་དུས་ཐོག་ཏུ་ལྟ་ཞིབ་ཚད་ལེན་བྱས་ཏེ། བྱེད་ཐབས་གསར་བ་ལ་བརྟེན་ནས་ས་ཡོམ་གྱི་ནང་རྐྱེན་ཞིབ་འཇུག་དང་། ས་ཡོམ་གྱི་སྔ་ལྟས་ལ་རྗེས་འདེད་བྱེད་པ། ལྷག་པར་དུ་གོ་ལ་ཧྲིལ་པོའི་རིམ་པ7དང་ཀྲུང་གོའི་རིམ་པ6ཡན་གྱི་ས་ཡོམ་གློག་སྟུད་ཆ་འཕྲིན་འཚོལ་ཞིབ་དང་རྗེས་འདེད་བྱེད་འདོད་པ་རེད། མ་གཞིར་བར་སྟོང་གློག་རྡུལ་གཡོ་འགྱུལ་དང་ས་ཡོམ་བར་ལ་མངོན་གསལ་གྱི་འབྲེལ་བ་ལྡན་པས། གལ་ཏེ་བར་སྟོང་ལྟ་ཞིབ་ཚད་ལེན་མ་ལག་འཛུགས་ཐུབ་ན། དུས་ཐོག་ཏུ་གློག་རྡུལ་གཡོ་འགྱུལ་ཤེས་རྟོགས་བྱེད་ཐུབ་པས། ས་ཡོམ་ཐོན་ཀྲབས་ཆོས་ཉིད་ཀྱི་ངོས་འཛིན་ཇེ་ཟབ་ཏུ་གཏོང་བ་དང་། ཐ་ན་ས་ཡོམ་སྔོན་དཔག་བྱེད་ཐབས་གསར་བའང་འཚོལ་ཞིབ་བྱེད་ཐུབ།

དེ་མིན་དེས་ད་དུང་སའི་གོ་ལའི་གློག་གྲེས་རིམ་པའི་གྲེས་རྡུལ་གཟུགས་དང་ནུས་མཐོའི་རིལ་རྡུལ་ཐིབ་པར་ལྟ་ཞིབ་ཚད་ལེན་བྱེད་ཐུབ་པ་དང་། བར་སྟོང་དངོས་ལུགས་དང་སའི་གོ་ལའི་དངོས་ལུགས་ཀྱི་ཞིབ་འཇུག་ལ་གཞི་གྲངས་ཀྱི་རྒྱབ་སྐྱོར་གལ་ཆེན་འདོན་སྤྲོད་བྱས་ཏེ། རྒྱལ་ཁབ་བདེ་འཇགས་དང་། མཁའ་ལམ་མཁའ་བསྐྱོད་དང་ཕྱོགས་སྟོན་སོགས་ལ་གློག་རྡུལ་ལྟ་འབྱེད་ཞབས་ཞུར་འདོན་སྤྲོད་བྱེད་ཐུབ་པོ། །

ཀྲང་ཧེང་ཨང་རྟགས་དང་པོས་རྒྱལ་ནང་དུ་ཐོག་མར་འཁོར་ལམ་དམའ་བའི་སྐུང་སྐར་གྱི་ཞིབ་ཚད་མཐོ་བའི་གློག་རྡུལ་ཡོངས་སུ་ཚོད་འཛིན་མངོན་འགྱུར་བྱས་པ་དང་། རྒྱལ་སྤྱིའི་སྔོན་ཐོན་ཆུ་ཚད་དུ་སླེབས་ཏེ་རྗེས་མཐུད་ཀྱི་བར་སྣང་འཚོལ་ཞིབ་ལ་དོན་སྙིང་གལ་ཆེན་ལྡན་ནོ། །རྒྱལ་ནང་དུ་འཁོར་ལམ་སྟེང་གི་ཞིབ་གཙིགས་རྡུལ་ར་རྟོག་འཇལ་ཐེངས་དང་པོ་བྱས་པ་དང་། ཞིབ་ཚད་མཐོ་བའི་གློག་གྲེས་རིམ་པའི་གློག་རྡུལ་དང་གྲེས་རྡུལ་མ་གནས་རྟོག་འཇལ་ཐེངས་དང་པོར་མངོན་འགྱུར་བྱུང་ཡོད་དོ། །

# 42 慧眼卫星

## ཧའི་ཡན་སྲུང་སྐར།

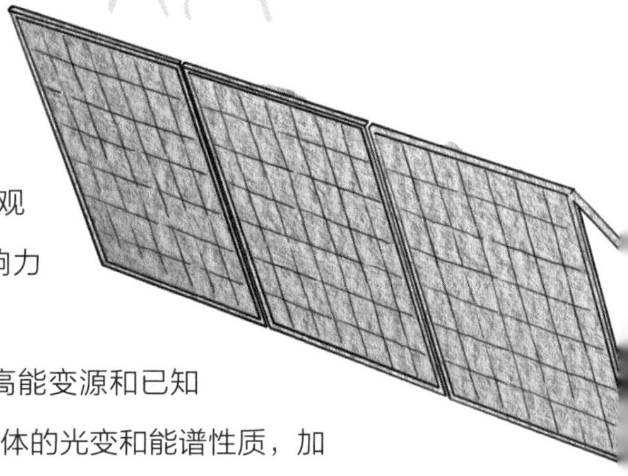

2018年1月30日，硬X射线调制望远镜卫星“慧眼”正式投入使用，从而填补了我国的一个空白，实现了从地面观测向天地联合观测的大飞越，对提高我国的国际地位和影响力具有重要意义。

慧眼的主要任务有四：一是进行巡天观测，发现新的高能变源和已知高能天体的新活动；二是观测和分析黑洞、中子星等高能天体的光变和能谱性质，加深对相关星体的高能辐射过程的认识；三是研究黑洞的形成过程；四是对航天器自主导航的技术和原理进行在轨实验。

如今，慧眼已多次参加国际空间和地面的联测，获得了不少重要成果，比如，发布了30多个伽马射线暴的观测结果，直接测量到了目前最强的中子星磁场回旋吸收线，完成了国内最高精度的脉冲星导航试验。特别是它在2021年7月20日，首次清晰观测到了黑洞双星爆发过程的全景，揭示了黑洞双星爆发标准图像的产生机制；完整探测到了第24太阳活动周最大耀斑的高能辐射过程，为理解太阳高能辐射的时变演化提供了新结果。

2018ལོའི་ཟླ1པའི་ཚེས30ཉིན། སྲ་མོའི་Xའཕྲོ་ཐིག་སྒྲིག་སྒྱུར་རྒྱང་ཤེལ་སྲུང་སྐར“ཧའི་ཡན”དངོས་སུ་སྤྱོད་མགོ་ཚུགས་ཏེ། རང་རྒྱལ་དེའི་སྐོར་གྱི་སྟོང་ཆ་ཞིག་བསྐངས་ཤིང་། ས་ངོས་ཀྱི་ལྟ་ཞིབ་ཚད་ལེན་ནས་གནམ་སའི་མཉམ་འབྲེལ་ལྟ་ཞིབ་ཚད་ལེན་གྱི་མཆོང་སྐྱོད་ཆེན་པོ་མངོན་འགྱུར་བྱས་པས། དེར་རང་རྒྱལ་གྱི་རྒྱལ་སྤྱིའི་གོ་གནས་དང་ཤུགས་རྐྱེན་ཇེ་ཆེར་གཏོང་བར་དོན་སྙིང་གལ་ཆེན་ལྡན་ནོ། །

ཧའི་ཡན་སྲུང་སྐར་ལ་ལས་འགན་གཙོ་བོ་བཞི་སྟེ། གཅིག་ནི་གནམ་སྐོར་ལྟ་འབྱེད་བྱས་ཏེ། ནུས་མཐོའི་འགྱུར་ཁུངས་གསར་པ་དང་ནུས་མཐོའི་གནམ་གཟུགས་ཀྱི་བྱེད་སྒོ་གསར་པ་ཤེས་རྟོགས་བྱེད་པ། གཉིས་ནི་ནག་དོང་དང་བར་རྡུལ་བརྟན་སྐར་སོགས་ནུས་མཐོའི་གནམ་གཟུགས་ཀྱི་འོད་འགྱུར་དང་ནུས་ཤལ་ངོ་བོར་ལྟ་ཞིབ་དང་དབྱེ་ཞིབ་བྱས་ཏེ། འབྲེལ་ཡོད་སྐར་མའི་གཟུགས་ཀྱི་ནུས་མཐོའི་འཕྲོད་འཕྲོའི་བརྒྱུད་རིམ་ལ་ངོས་འཛིན་གཏིང་ཟབ་ཏུ་གཏོང་དགོས། གསུམ་ནི་ནག་དོང་ཆགས་པའི་བརྒྱུད་རིམ་ལ་ཞིབ་འཇུག་བྱེད་པ། བཞི་ནི་དབྱིངས་སྐྱོད་འཕྲུལ་ཆས་ཀྱི་རང་བདག་ཕྱོགས་སྟོན་ལག་རྩལ་དང་རྩ་བའི་རིགས་པར་འཁོར་ལམ་ཐོག་ཚོད་ལྟ་བྱེད་པ་བཅས་སོ། །

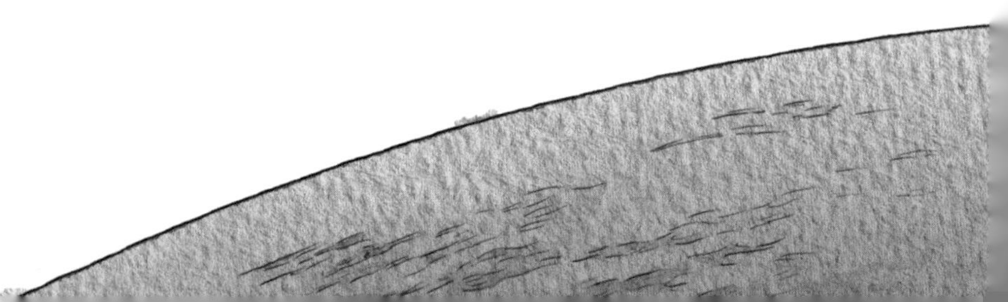

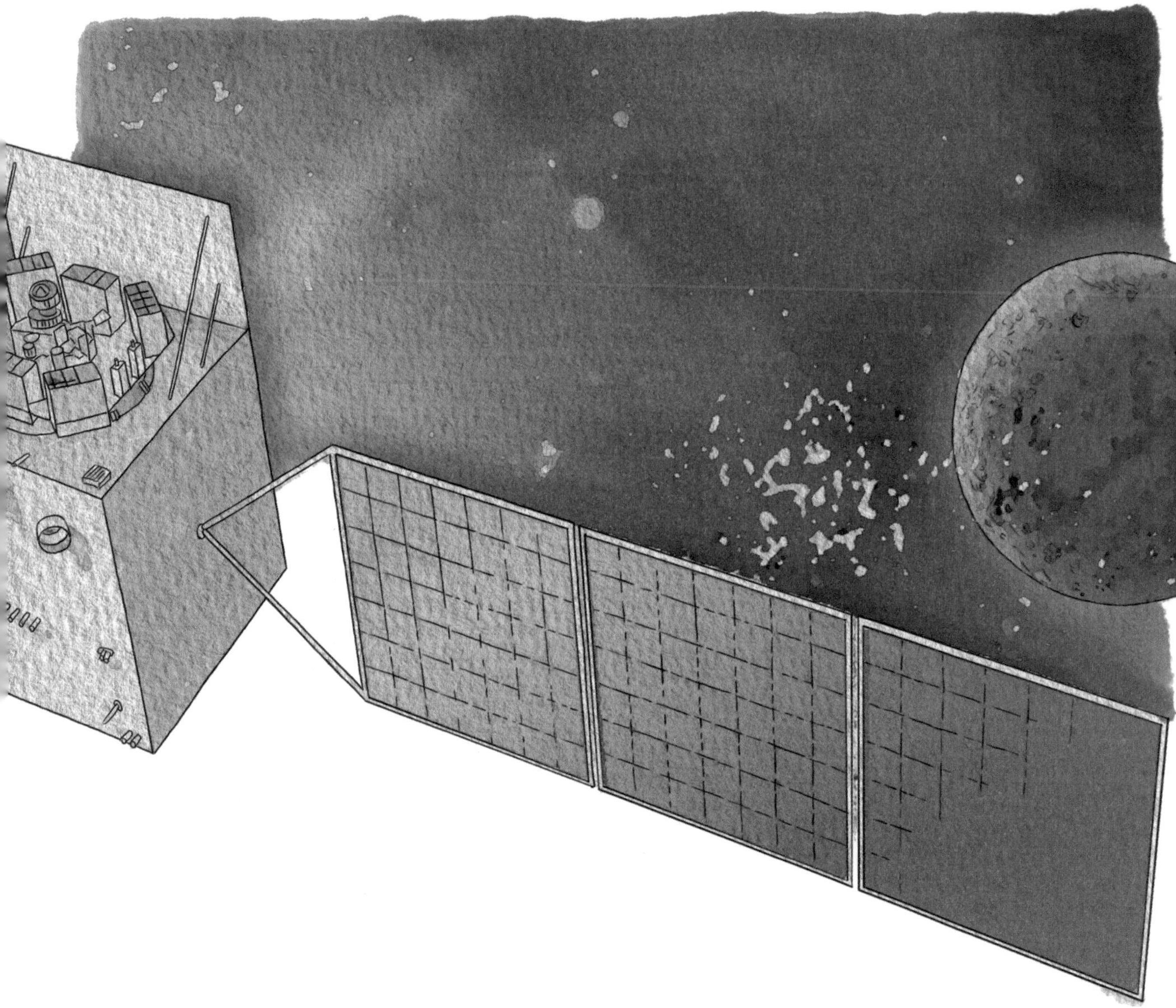

མིག་སྟོར་ཏའི་ཡན་སྤྱང་སྐར་ཐེངས་མང་པོར་རྒྱལ་སྤྱིའི་བར་མཐོངས་དང་ས་ངོས་ཀྱི་མཉམ་འབྲེལ་ཚད་ལེན་ནང་ཞུགས་ཏེ་གྲུབ་འབྲས་གལ་ཆེན་མི་ཉུང་བ་ཞིག་བླངས་ཡོད་དེ། དཔེར་ན། ཀླ་ཀློ་འོད་འགྱེད་ཀྱི་ལྷ་འབྱེད་བྱས་འབྲས30ལྷག་ཁྱབ་བསྒྲགས་བྱས་ཏེ། མིག་སྟོར་ཆེས་ཆེ་བའི་བར་རྟུལ་བརྟན་སྐར་རྟུལ་རའི་ཕྱིར་འཁྱིལ་སྟུད་ལེན་ཐིག་ལ་ཐད་ཀར་ཚད་འཇལ་ཐུབ་པས། རྒྱལ་ནང་གི་ཞིབ་ཚད་མཐོ་ཤོས་ཀྱི་རྩ་འཕར་སྐར་མའི་ཕྱོགས་སྟོན་ཚོད་ལྟ་ལེགས་གྲུབ་བྱུང་། ལྷག་པར་དུ2021ལོའི་ཟླ7པའི་ཚེས20ཉིན་འདི་ཉིད་ཀྱིས་ནག་དོང་སྐར་གཉིས་འགས་འགྱུར་གྱི་གོ་རིམ་ཡོངས་ལ་ཐོག་མར་ལྟ་འཇལ་གསལ་པོར་བྱས་ཏེ། ནག་དོང་སྐར་གཉིས་འགས་འགྱུར་གྱི་ཚད་ལྡན་པར་རིས་ཐོན་པའི་ལམ་སྲོལ་གསལ་སྟོན་བྱས་པ་རེད། ཐེངས24ལ་ཉི་མའི་འགུལ་སྐྱོད་གཟའ་འཁོར་གྱི་ཆེས་ཆེ་བའི་ནུས་མཐོའི་འགྱེད་འཕྲོའི་བརྒྱུད་རིམ་ཆ་ཚང་རྟོག་འཇལ་བྱས་ཏེ། ཉི་མའི་ནུས་མཐོ་འགྱེད་འཕྲོའི་འགྱུར་ལྡོག་ལ་རྒྱུས་ལོན་བྱེད་པར་གྲུབ་འབྲས་གསར་པ་འདོན་སྤྲོད་བྱས་ཡོད་དོ། །

# 43 悟空卫星

# ཝུའུ་ཁུང་སྲུང་སྐར།

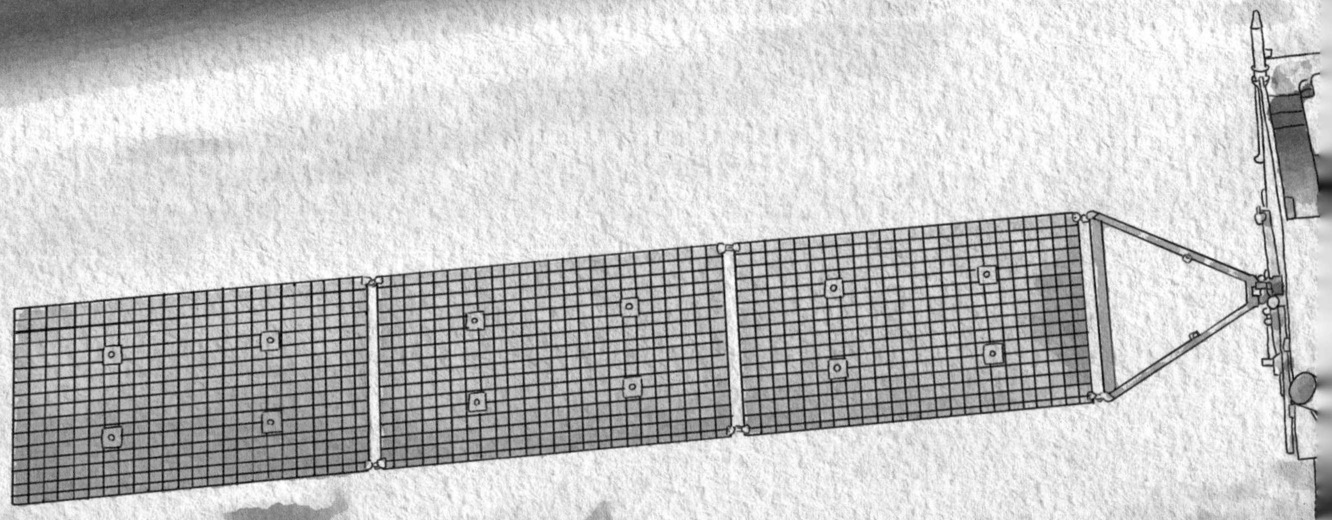

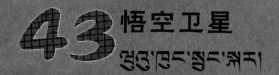

据2017年11月30日的《自然》杂志报道，中国的“悟空”卫星发现了疑似暗物质的踪迹，首次检测到电子宇宙射线能谱在14000亿电子伏特能量处的异常波动。若后续研究证实了该异常波动却确实与暗物质相关，那么这将是一项具有划时代意义的科学成果，甚至是一个超出想象的成果。即便该异常波动与暗物质无关，也可能带来对现有科学理论的突破。

“悟空”是一颗暗物质探测卫星，与国际上的同类卫星相比，它具有三个显著优势：一是能够测量的宇宙线的能量非常高，可以测量到104吉电子伏；二是能量分辨率高，可以达到1%左右，测得非常准；三是测量能量的本底比较低，也就是说，它区分电子和质子的能力非常强。

“悟空”其实是一个空间望远镜，有效载荷质量1410公斤。它的主要科学目标，是以更高的能量和更好的分辨率来测量宇宙射线中正负电子之比，以找出可能的暗物质信号。它既可能帮助人类理解高能宇宙射线的传播机制，也有可能在高能伽玛射线天文学方面有新发现。

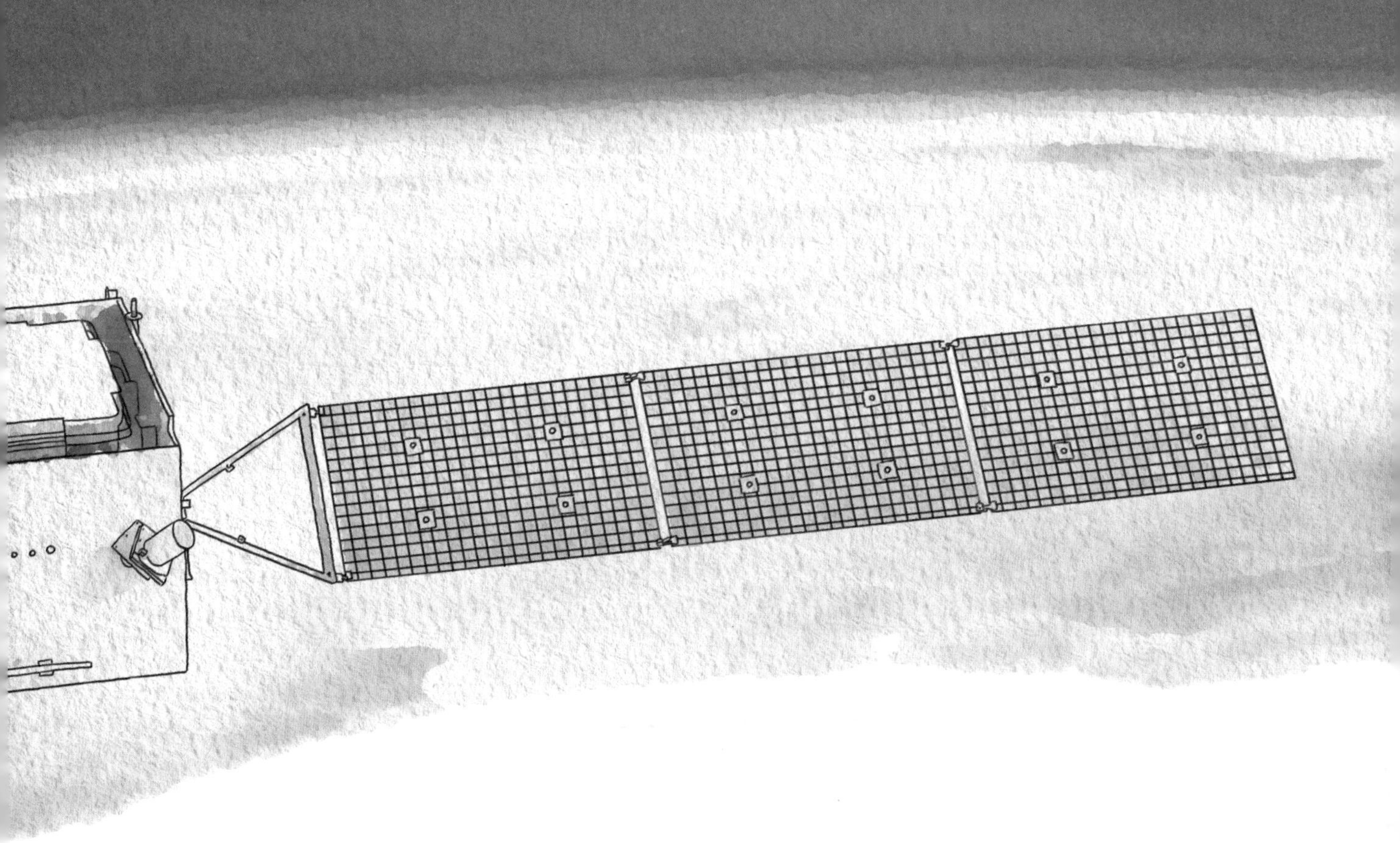

2017ལོའི་ཟླ་11པའི་ཚེས་30ཉིན་གྱི《རང་བྱུང》དུས་དེབ་སྟེང་དུ་སྤེལ་བའི་གནས་ཚུལ་ལྟར་ན། ཀྲུང་གོའི"ཝུའུ་ཁུའུ"སྲུང་སྐར་གྱིས་མངོན་མེད་དངོས་པོར་མཚུངས་པའི་རྗེས་ཤུལ་རྙེད་དེ། ཐོག་མར་གློག་རྡུལ་འཇིག་རྟེན་འགྲོ་ཐིག་ནུས་ཤལ་ནི་གློག་རྡུལ་ཧྥུ་ཐེ་ནུས་ཚད་ཏུང་ཕྱུར14000མཚམས་ཀྱི་རྒྱུན་ལྡན་མིན་པའི་རླབས་འགྱུལ་ཡིན་པར་རྟོག་འཛལ་བྱས། གལ་ཏེ་ཕྱིས་སུ་རྒྱུན་ལྡན་མིན་པའི་རླབས་འགྱུལ་དང་མངོན་མེད་དངོས་པོའི་འབྲེལ་ཡོད་ཞིབ་འཇུག་གིས་བདེན་དཔང་བྱེད་ཐུབ་ན། དེ་ནི་དུས་རབས་དབྱེ་འབྱེད་ཀྱི་དོན་སྙིང་ལྡན་པའི་ཚན་རིག་གི་གྲུབ་འབྲས་ཤིག་དང་། ཐ་ན་བསམ་ཚོད་ལས་བརྒལ་བའི་གྲུབ་འབྲས་ཤིག་ཀྱང་ཡིན་སྲིད། རྒྱུན་ལྡན་མིན་པའི་རླབས་འགྱུལ་དང་མངོན་མེད་དངོས་པོའི་བར་དུ་འབྲེལ་བ་མེད་ནའང་། ད་ཡོད་ཀྱི་ཚན་རིག་གཞུང་ལུགས་ལ་ཐོད་རྒལ་འབྱུང་དུ་འཇུག་སྲིད་དོ། །

"ཝུའུ་ཁུང"ནི་མངོན་མེད་དངོས་པོར་རྟོག་འཛལ་བྱེད་པའི་སྲུང་སྐར་ཞིག་ཡིན་ཞིང་། རྒྱལ་སྤྱིའི་སྟེང་གི་རིགས་མཐུན་སྲུང་སྐར་དང་བསྡུར་ན། དེར་ལེགས་ཆ་མངོན་གསལ་དོད་པོ་གསུམ་ལྡན་ཏེ། གཅིག་ནི་ལྷ་འཛལ་ཐུབ་པའི་འཇིག་རྟེན་ཐིག་གི་ནུས་ཚད་ཏ་ཅང་མཐོ་བ་དང་། ཅི་གློག་རྡུལ་ཧྥོལ104བར་འཛལ་ཐུབ། གཉིས་ནི་ནུས་ཚད་ཀྱི་དབྱེ་འབྱེད་ཚད་མཐོ་བ་དང1%ཡས་མས་སུ་སླེབས་ཐུབ་ཅིང་ཚད་ལེན་བྱས་པ་ཏ་ཅང་ཡང་དག་ཡིན། གསུམ་ནི་ནུས་ཚད་འཛལ་བའི་གཞི་གདན་ཙུང་དམའ་བ་སྟེ། གསལ་པོར་བརྗོད་ན། དེའི་གློག་རྡུལ་དང་སྤུས་རྡུལ་དབྱེ་འབྱེད་བྱེད་པའི་ནུས་པ་ཏ་ཅང་ཆེ།

"ཝུའུ་ཁུང"ནི་དོན་དངོས་སུ་བར་སྣང་གི་རྒྱང་ཤེལ་ཞིག་ཡིན་ཞིང་། ནུས་ལྡན་ཐིག་ཚད་ཀྱི་སྤུས་ཚད་སྤྱི་རྒྱ1410ཡིན། དེའི་ཚན་རིག་གི་དམིགས་འབེན་གཙོ་བོ་ནི། ཆེས་མཐོ་བའི་ནུས་ཚད་དང་ཆེས་ལེགས་པའི་དབྱེ་འབྱེད་ཚད་ཀྱིས་འཇིག་རྟེན་འགྲོ་ཐིག་ཁྲོད་ཀྱི་ཕོ་གློག་མོ་གློག་གི་བསྡུར་ཚད་དང་། མངོན་མེད་དངོས་པོའི་བརྡ་རྟགས་རྟོག་འཛལ་བྱེད་ཐུབ་པ་ཡིན། དེས་མིའི་རིགས་ཀྱིས་ནུས་མཐོའི་འཇིག་རྟེན་འགྲོ་ཐིག་གི་ཁྱབ་སྤེལ་སྒྲིག་གཞིར་གོ་བ་ལེན་པར་རོགས་རམ་བྱེད་ཐུབ་ངེས་ཤིང་། ནུས་མཐོའི་ཀ་མ་འགྲོ་ཐིག་གནམ་དཔྱད་རིག་པའི་ཐད་ལ་གསར་རྙེད་ཅིག་ཀྱང་ཡོད་ངེས་སོ། །

# 44 最亮的黑洞
# ཆེས་གསལ་བའི་ནག་དོང་།

据2015年2月26日的《自然》杂志报道，中国科学家基于自主开发的有效方法，利用口径仅为2.4米的光学望远镜，首先发现了一个距离地球128亿光年、发光强度是太阳的430万亿倍、中心黑洞质量约为120亿个太阳质量的超级类星体。

这是目前发现的宇宙早期最亮、中心黑洞质量最大的类星体，也是第一个利用2米级光学望远镜发现红移超过6（即距离超过127亿光年）的类星体。该发现证实了，在宇宙年龄只有9亿年时，就已形成质量为120亿个太阳质量的黑洞，这对当前的黑洞理论以及黑洞和星系共同演化理论都提出了挑战，为今后研究早期宇宙的形成和演化提供了一个特殊平台。

人类为什么要在宇宙中寻找各种星体呢？原来，这是想搞清地球和宇宙的来历。迄今，人类已发现了30多万个类星体，其中大约有40个类星体的红移大于6。每个类星体中心都包含一个质量约为10亿个太阳质量的黑洞，它们正疯狂吞噬着周围物质，并在黑洞附近释放巨大能量。

2015ལོའི་ཟླ2པའི་ཚེས26ཉིན་གྱི《རང་བྱུང》དུས་དེབ་སྟེང་དུ་སྤེལ་བའི་གནས་ཚུལ་ལྟར་ན། ཀྲུང་གོའི་ཚན་རིག་པས་རང་བདག་གསར་སྤེལ་བྱེད་པའི་ནུས་ལྡན་བྱེད་ཐབས་ཀྱི་རྨང་གཞིའི་སྟེང་དུ། ཁ་ཞེང་སྨི2.4ལས་མེད་པའི་འོད་རིག་རྒྱང་ཤེལ་སྤྱད་དེ། ཐོག་མར་སའི་གོ་ལ་དང་བར་ཐག་འོད་ལོ་དུང་ཕྱུར128དང་། འོད་འཕྲོ་ཚད་ནི་ཉི་མའི་ལྷག་དུང་ཕྱུར430ཡིན་ཞིང་། ལྟེ་བའི་ནག་དོང་གི་སྤུས་ཚད་ཕལ་ཆེར་དུང་ཕྱུར120ཡི་ཉི་མའི་སྤུས་ཚད་ཅན་གྱི་ཐོལ་རྒྱལ་རིགས་ཀྱི་སྐར་གཟུགས་ཤིག་གསར་རྙེད་བྱུང་།

འདི་ནི་མིག་སྔར་ཤེས་རྟོགས་བྱུང་བའི་འཛིག་རྟེན་སྔ་དུས་ཀྱི་ཆེས་གསལ་བ་དང་ལྟེ་བའི་ནག་དོང་གི་སྤུས་ཚད་ཆེས་ཆེ་བའི་སྐར་གཟུགས་རིགས་ཤིག་ཡིན་ལ། ཐེངས་དང་པོར་སྨི2རིམ་པའི་འོད་རིག་རྒྱང་ཤེལ་སྤྱད་དེ་དམར་འགྱུལ་བྱས་པ6(བར་ཐག་འོད་ལོ་དུང་ཕྱུར127ལས་བརྒལ་བ)ཤེས་རྟོགས་བྱུང་བའི་སྐར་གཟུགས་རིགས་ཤིག་ཀྱང་ཡིན། ཤེས་རྟོགས་འདིས་འཛིག་རྟེན་ལོ་ཚོད་ལོ་ངོ་དུང་ཕྱུར9ལས་མེད་པའི་སྐབས་སུ་སྤུས་ཚད་ལ་ཉི་མའི་སྤུས་ཚད་དུང་ཕྱུར120ཟིན་པའི་ནག་དོང་ཞིག་ཆགས་ཡོད་པ་ར་སྤྲོད་བྱས་ཡོད། འདིས་མིག་སྔའི་ནག་དོང་གཞུང་ལུགས་དང་དེ་བཞིན་ནག་དོང་དང་སྐར་རྒྱུད་ཀྱི་ཐུན་མོང་རིམ་འགྱུར་གཞུང་ལུགས་ལ་འགྲན་སློང་བྱས་ཏེ། མ་འོངས་པར་གདོད་མའི་འཛིག་རྟེན་གྱི་ཆགས་ཚུལ་དང་རིམ་འགྱུར་ལ་ཞིབ་འཇུག་བྱེད་པར་དམིགས་བསལ་གྱི་ལས་སྟེགས་ཤིག་མགོ་འདོན་བྱས་ཡོད།

མིའི་རིགས་ཀྱིས་འཛིག་རྟེན་ཁམས་ནས་སྐར་གཟུགས་སྣ་ཚོགས་འཚོལ་དགོས་དོན་ཅི་ཡིན་ནམ་ཞེ་ན། མ་གཞི་འདི་ནི་སའི་གོ་ལ་དང་འཛིག་རྟེན་གྱི་འབྱུང་ཁུངས་གསལ་པོར་ཤེས་ཆེད་ཡིན། ད་ལྟའི་བར་དུ་མིའི་རིགས་ཀྱིས་སྐར་གཟུགས་རིགས་ཁྲི30ལྷག་གསར་རྙེད་བྱུང་ཞིང་། དེའི་ནང་དུ་ཕལ་ཆེར་སྐར་གཟུགས་རིགས40ཡི་དམར་འགྱུལ6ལས་ཆེ་བ་ཡོད་པ་དང་། སྐར་གཟུགས་རེ་རེའི་ནང་དུ་སྤུས་ཚད་ཧ་ལམ་དུང་ཕྱུར10ཡི་ཉི་མའི་སྤུས་ཚད་ཅན་གྱི་ནག་དོང་རེ་འདུས་ཤིང་། འདི་དག་གིས་སྨྱོ་ཧམ་ཆེན་པོས་མཐའ་འཁོར་གྱི་དངོས་པོ་ཁྱུར་མིད་བྱེད་བཞིན་ཡོད་པར་མ་ཟད། ནག་དོང་གི་ཉེ་འགྲམ་དུ་ནུས་ཚད་ཆེན་པོ་གཏོང་བཞིན་ཡོད་དོ། །

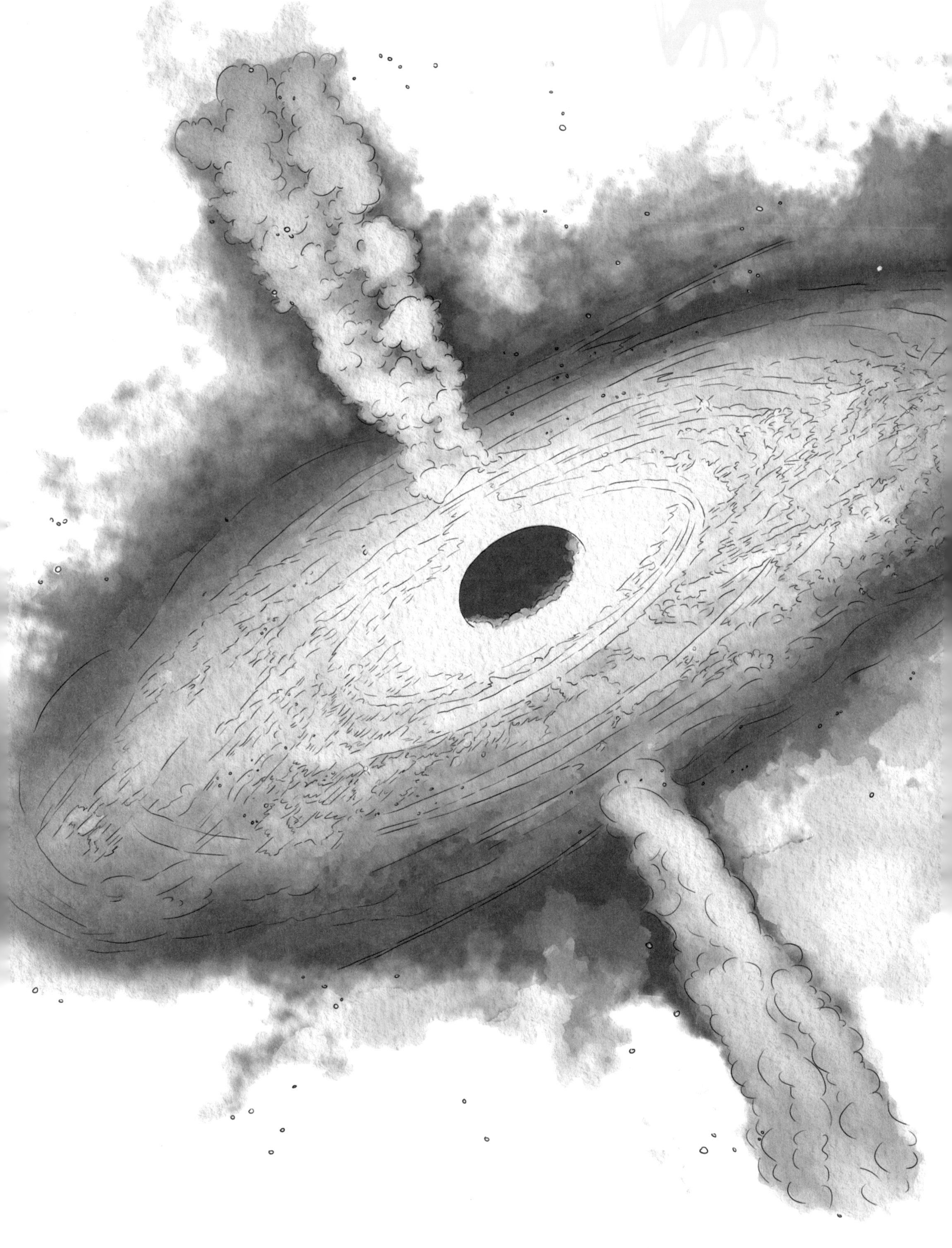

# 45 高分七号卫星
# ཀོ་ཧྥུན་ཨང་རྟགས་བདུན་པའི་སྲུང་སྐར།

2019年11月3日，我国首颗亚米级高分辨率光学传输型立体测绘卫星“高分七号”成功发射，并于2020年8月20日正式投入使用。

高分七号是光学立体测绘卫星，将在高分辨率立体测绘图像数据获取、高分辨率立体测图、城乡建设高精度卫星遥感和遥感统计调查等领域取得突破。它的分辨率不仅能达到亚米级，定位精度更是目前国内最高的，能在太空轻松拍摄出媲美电影“阿凡达”的3D影像。投入使用后，将为我国乃至全球的地形地貌绘制出一幅误差在1米以内的立体地图。

一般的光学遥感卫星只能拍摄平面图像，而高分七号则可以绘制立体图像，从此，世界上所有建筑物在地图上都将不再只是一个方格，而是三维立体。该卫星不仅能为规划、环保、税务、国土、农业等部门提供宝贵的信息，也是民用导航领域核心竞争力所在，将打破地理信息产业上游的高分辨率立体遥感影像市场大量依赖国外卫星的现状，开启我国自主大比例尺航天测绘的新时代。

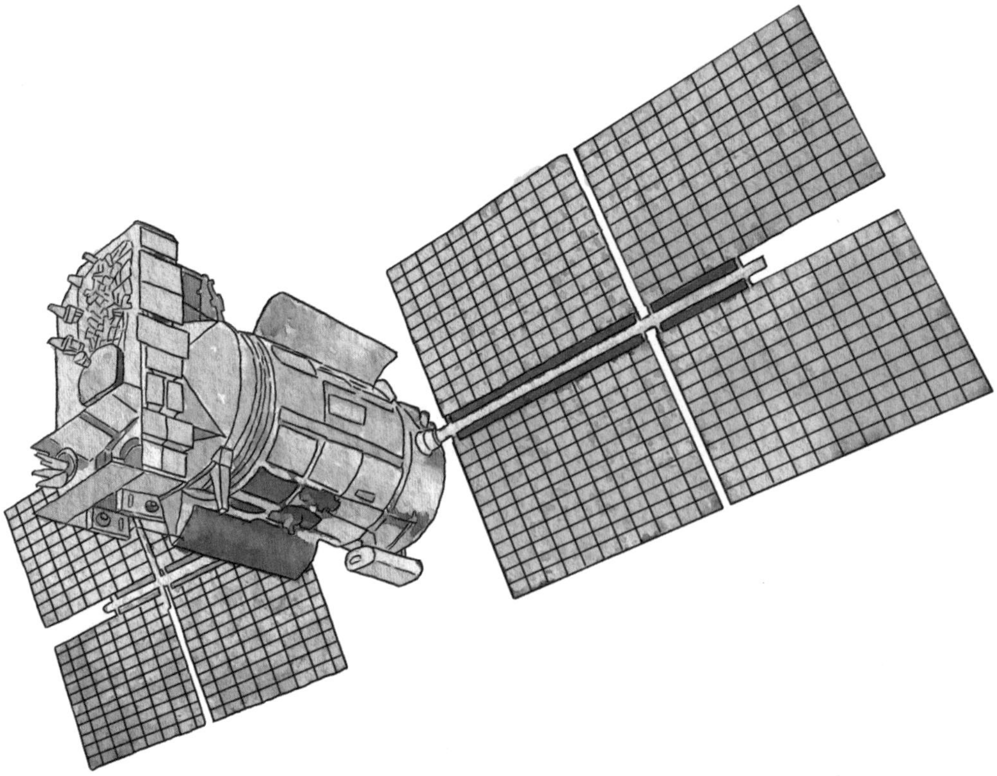

2019ལོའི་ཟླ11པའི་ཚེས3ཉིན། རང་རྒྱལ་གྱི་ཡ་སྙི་རིམ་པའི་དབྱེ་འབྱེད་ཚད་མཐོ་བའི་འོད་རིག་བརྒྱུད་གཏོང་རྣམ་པའི་ལངས་གཟུགས་ཚད་འཇལ་རིས་འབྲིའི་སྲུང་སྐར་ཐོག་མ“ཀོ་སྤུན་ཨང་རྟགས་བདུན་པའི་སྲུང་སྐར”བདེ་བླག་ངང་འཕེན་གཏོང་བྱས་པ་དང་། 2020ལོའི་ཟླ8པའི་ཚེས20ཉིན་དངོས་སུ་སྤྱོད་མགོ་ཚུགས་པ་ཡིན།

ཀོ་སྤུན་ཨང་རྟགས་བདུན་པའི་སྲུང་སྐར་ནི་འོད་རིག་ལངས་གཟུགས་ཚད་འཇལ་རིས་འབྲིའི་སྲུང་སྐར་ཡིན་ཏེ། དབྱེ་འབྱེད་ཚད་མཐོ་བའི་ལངས་གཟུགས་ཚད་འཇལ་རིས་འབྲིའི་གྲངས་གཞི་རྩད་ལེན་དང་། དབྱེ་འབྱེད་ཚད་མཐོ་བའི་ལངས་གཟུགས་ཚད་འཇལ་རི་མོ། ཞིང་གྲོང་འཛུགས་སྐྲུན་གྱི་ཞིབ་ཚད་མཐོ་བའི་སྲུང་སྐར་རྒྱང་ཆོར་དང་རྒྱང་ཆོར་བསྡོམས་རྩིས་བརྟག་དཔྱད་སོགས་ཀྱི་ཁྱབ་ཁོངས་ནས་ཐོད་རྒྱལ་བྱུང་། དེའི་དབྱེ་འབྱེད་ཚད་ཡ་སྙི་རིམ་པར་སླེབས་ཐུབ་པར་མ་ཟད། གནས་ཐིག་ཞིབ་ཚད་ནི་མིག་སྔར་རྒྱལ་ནང་གི་ཆེས་མཐོ་བའི་ཚད་ཡིན་པས། བར་སྣང་དུ་སློག་བརྙན“ཨ་ཧྲན་ཏ”དང་འགྲན་ཟོད་པའི3Dགཟུགས་བརྙན་སྣ་མོའི་ངང་པར་ལེན་བྱེད་ཐུབ། དེ་སྤྱོད་མགོ་ཚུགས་རྗེས་རང་རྒྱལ་དང་ཐ་ན་གོ་ལ་ཧྲིལ་པོའི་ས་དབྱིབས་ཐད་ནས་ཁྱད་པར་སྙི1ནང་ཚུན་གྱི་ལངས་གཟུགས་ས་བཀྲ་གང་རུང་འབྲི་ཐུབ་པ་ཡིན།

སྔོར་བཏང་གི་འོད་རིག་རྒྱང་ཆོར་འཁོར་སྐར་གྱིས་ངོས་སྙོམས་པར་རིས་མ་གཏོགས་པར་ལེན་མི་ཐུབ་མོད། འོན་ཀྱང་ཀོ་སྤུན་ཨང་རྟགས་བདུན་པའི་སྲུང་སྐར་གྱིས་ལངས་གཟུགས་རི་མོའང་འབྲི་ཐུབ། དེ་ནས་བཟུང་འཛམ་གླིང་སྟེང་གི་བཟོ་བཀོད་ཡོད་ཚད་ས་ཁྲའི་སྟེང་དུ་གྲུ་བཞི་གཅིག་མིན་པར་ངོས་གསུམ་ལངས་གཟུགས་ཡིན། སྲུང་སྐར་འདིས་འཆར་འགོད་དང་ཁོར་ཡུག་སྲུང་སྐྱོབ། ཁྲལ་དོན། རྒྱལ་ཁོངས། ཞིང་ལས་སོགས་ཀྱི་སྡེ་ཁག་ལ་ཆ་འཕྲིན་རྩ་ཆེན་མཁོ་འདོན་བྱེད་ཐུབ་པར་མ་ཟད། དམངས་སྤྱོད་ཕྱོགས་སྟོན་ཁྱབ་ཁོངས་ཀྱི་དཀྱིལ་སྙིང་གི་འགྲན་ཟོད་ནུས་པ་མངོན་སའང་ཡིན། དེས་ས་ཁམས་ཆ་འཕྲིན་ཐོན་ལས་སྤྱོད་རྒྱུད་ཀྱི་དབྱེ་འབྱེད་མཐོ་བའི་ལངས་གཟུགས་རྒྱང་ཆོར་བརྙན་པར་ཚོང་རས་ཕྱི་རྒྱལ་གྱི་སྲུང་སྐར་འཁོར་ཆེན་ལ་བརྟེན་པའི་གནས་བབ་བསྒྱུར་ཏེ། རང་རྒྱལ་གྱི་རང་བདག་བསྟུར་ཚད་ཆེ་བའི་དབྱིངས་སྐྱོད་ཚད་འཇལ་གྱི་དུས་རབས་གསར་པ་ཞིག་གི་སྒོ་མོ་ཕྱེ་བའོ། །

# 结 语

## མཇུག་གི་གཏམ།

掩卷沉思，在一个个令世人瞩目的科技成果背后，是一代又一代科技工作者艰苦付出搭建的厚重基石，他们在攀登科技高峰的艰难旅程中，攻克多项世界级难题，为世界科技进步和人类文明的发展贡献出大国力量，实现了我国科技水平从“跟跑”到“并跑”到部分技术领域“领跑”的突破和跨越，擦亮了令国人骄傲、让世界惊艳的中国载人航天、中国基建、中国高铁、中国北斗、中国电商、中国新能源汽车、中国超算等“国家名片”，彰显出中国精度、中国速度、中国高度。但是，当前新一轮科技革命和产业变革突飞猛进，学科交叉融合不断发展，科学技术和经济社会发展加速渗透融合，在建设世界科技强国的新征程上，如果没有更为强劲的科技后进力量，没有薪火相传、新老交替的脉搏跳动，未来发展的道路便会困难重重。

少年兴则科技兴，少年强则国家强 。千秋作卷，山河为答，“故今日之责任，不在他人，而全在我少年”。青年是国家的希望，是民族的未来，护卫盛世中华，也全在我青年。在应对国际科技竞争、实现高水平科技自立自强、建设世界科技强国开启新征程之际，激发青少年好奇心、想像力、探求欲，培育具备科学家潜质、愿意为科技事业献身的青少年，展现“人人皆可成才、人人尽展其才”的生动局面，是实现中华民族伟大复兴的中国梦之希望所在，也是支撑科技强国建设的核心要素之一。

གླེགས་བམ་ཁ་ཟུམ་སྡེ་ཞིབ་ཏུ་བསམ་བློ་རེར་བཏང་ན། འཛམ་གླིང་སྐྱེ་བོ་ཀུན་གྱིས་དོ་སྣང་བྱེད་པའི་ཚན་རྩལ་གྲུབ་འབྲས་རེ་རེའི་རྒྱབ་ཏུ། རབ་དང་རིམ་པའི་ཚན་རྩལ་ལས་བྱེད་པས་དཀའ་སྤྱད་འབད་བརྩོན་བྱས་ནས་བསྒྲུབ་པའི་མཐུག་ཅིང་ལྗི་བའི་རྨང་རྡོ་རེ་རེ་ཡོད། ཁོ་ཚོ་ཚན་རྩལ་གྱི་ཡང་རྩེར་འཛེག་པའི་དཀའ་ཚེགས་ཆེ་བའི་འགྲུལ་བཞུད་ཁྲོད་དུ། འཛམ་གླིང་རིམ་པའི་དཀའ་གནད་མང་པོ་སེལ་ཏེ། འཛམ་གླིང་གི་ཚན་རྩལ་ཡར་ཐོན་དང་མིའི་རིགས་ཀྱི་ཤེས་རིག་གོང་དུ་འཕེལ་བར་རང་རེའི་རྒྱལ་ཁབ་ཆེན་པོའི་སྟོབས་ཤུགས་ཕུལ་ཏེ། རང་རྒྱལ་གྱི་ཚན་རྩལ་ཆུ་ཚད་དེ“རྗེས་སུ་རྒྱུག་པ”ནས“མཉམ་དུ་རྒྱུག་པ”དང་ལག་རྩལ་ཁྱབ་ཁོངས་ཁག་ཅིག་གི“སྔོ་ཁྲིད་རྒྱུག་པ”བར་གྱི་ཚད་བཀལ་དང་མཆོང་སྒྱུར་མངོན་འགྱུར་བྱུང་བ་དང་། རྒྱལ་མིར་སྟོབས་པ་བསྐྱེད་པ་དང་འཛམ་གླིང་ཏང་སངས་དགོས་པའི“རྒྱལ་ཁབ་ཀྱི་མིང་བྱང”སྟེ་ཀྲུང་གོའི་མི་བཞུགས་འཇིག་རྟེན་འཕུར་སྐྱོད་དང་། ཀྲུང་གོའི་རྨང་གཞིའི་སྒྲིག་བཀོད་འཛུགས་སྐྲུན། ཀྲུང་གོའི་མྱུར་བགྲོད་ལྕགས་ལམ། ཀྲུང་གོའི་བྱང་སྐར་སྤུན་བདུན། ཀྲུང་གོའི་གློག་རྡུལ་ཚོང་དོན། ཀྲུང་གོའི་ནུས་རྒྱུ་གསར་བའི་རླངས་འཁོར། ཀྲུང་གོའི་རིམ་འདས་རྩིས་རྒྱག་སོགས་བྱུང་སྟེ། ཀྲུང་གོའི་ཞིབ་ཚད་དང་ཀྲུང་གོའི་མྱུར་ཚད། ཀྲུང་གོའི་མཐོ་ཚད་བཅས་མངོན་པར་མཚོན་ཡོད། འོན་ཀྱང་མིག་སྔར་གྱི་རིམ་པ་གསར་བའི་ཚན་རྩལ་གསར་བརྗེ་དང་ཐོན་ལས་འཕོ་འགྱུར་བྱ་འཕུར་བ་ལྟར་གོང་དུ་འཕེལ་བཞིན་ཡོད་པ་དང་། རིག་གཞུང་ཚན་ཁག་བསྣོལ་བསྡེབས་མཉམ་འདྲེས་ཟམ་མི་ཆད་པར་འཕེལ་རྒྱས་སུ་འགྲོ་བ། ཚན་རིག་ལག་རྩལ་དང་དཔལ་འབྱོར་སྤྱི་ཚོགས་འཕེལ་རྒྱས་ཀྱི་མཉམ་འདྲེས་ཇེ་མགྱོགས་སུ་སོང་བའི་སྐབས་ཀྱིས། འཛམ་གླིང་གི་ཚན་རྩལ་སྟོབས་ལྡན་རྒྱལ་ཁབ་འཛུགས་སྐྲུན་བྱེད་པའི་རྒྱང་སྐྱོད་ཀྱི་ལམ་བུ་གསར་བའི་སྟེང་དུ། གལ་ཏེ་ཚན་རྩལ་གྱི་རྗེས་སྐྱོད་སྟོབས་ཤུགས་སྔར་བས་ཆེན་པོ་མེད་པ་དང་། ཤིང་ཟད་མེ་བཀྱུད་དང་རྙིང་ཚབ་གསར་མཐུད་ཀྱི་འཕར་རྩ་འགྲུལ་རྒྱུར་མེད་ཚེ། འབྱུང་འགྱུར་འཕེལ་རྒྱས་ཀྱི་ལམ་བུར་དཀའ་ངལ་མང་པོ་འཕྲད་སྲིད་ངེས།

ཇི་སྐད་དུ། ན་ཆུང་དར་ན་ཚན་རྩལ་དར། ན་ཆུང་སྟོབས་ན་རྒྱལ་ཁབ་སྟོབས་ཞེས་དང་། ལོ་ཙ་སྟོང་ཕྲག་རིང་དུ་བྲིས་པའི་རི་མོ། དོན་གྱི་བརྗོད་བྱ་ར་རི་དང་གཙང་པོ་ཡིན་ཞེས་དང་། “དེར་བརྟེན་དེ་རིང་གི་འགན་འཁྲི་ནི་མི་གཞན་ལ་མེད། ངེད་ན་གཞོན་ཡོངས་ལ་ཡོད”ཅེས་པ་བཞིན། ན་གཞོན་ནི་རྒྱལ་ཁབ་ཀྱི་རེ་བ་ཡིན་པ་དང་། མི་རིགས་ཀྱི་མ་འོངས་པ་ཡིན་པས། བསྐལ་བཟང་དུས་ཀྱི་ཀྲུང་ཧྭ་སྲུང་སྐྱོང་བྱ་རྒྱུ་དེའང་ང་ཚོའི་ན་གཞོན་འགན་དུ་བབས་ཡོད། དེ་ཡང་རྒྱལ་སྤྱིའི་ཚན་རྩལ་འགྲན་རྩོད་ལ་ཁ་གཏད་འཛུལ་བ་དང་། ཆུ་ཚད་མཐོ་བའི་ཚན་རྩལ་རང་ཚུགས་རང་སྟོབས་མངོན་འགྱུར་བྱུང་བ། འཛམ་གླིང་གི་ཚན་རྩལ་སྟོབས་ལྡན་རྒྱལ་ཁབ་འཛུགས་སྐྲུན་བཅས་ཀྱི་རྒྱང་སྐྱོད་ལམ་བུ་གསར་བ་འབྱེད་པའི་དུས་སུ། གཞོན་ནུ་ལོ་ཆུང་རྣམས་ཀྱི་ཁྱད་མཚར་བའི་སྣང་བ་དང་། བསམ་པའི་བཀོད་ཤུགས། འཚོལ་ཞིབ་འདོད་པ་བཅས་སྐུལ་སློང་བྱས་ཏེ། ཚན་རིག་པའི་མི་མངོན་པའི་ནུས་པ་ལྡན་པ་དང་ཚན་རྩལ་བྱ་གཞག་གི་ཆེད་དུ་ནུས་ཤུགས་གང་ཡོད་འདོན་པའི་གཞོན་ནུ་ལོ་ཆུང་སྐྱེད་སྲིང་བྱེད་པ། “མི་ཚང་མ་ཤེས་ལྡན་པར་འགྱུར་ཐུབ་པ་དང་མི་ཚང་མས་རང་ཉིད་ཀྱི་འཛིན་ཐང་འདོན་ཐུབ་པའི”གསོན་ཉམས་ལྡན་པའི་རྣམ་པ་མངོན་པ་བྱ་རྒྱུ་དེ་ནི་ཀྲུང་ཧྭ་མི་རིགས་རླབས་ཆེན་བསྐྱར་དར་ཀྱི་ཀྲུང་གོའི་ཕུགས་འདུན་མངོན་འགྱུར་བྱེད་པའི་རེ་བ་ཡིན་ལ། ཚན་རྩལ་སྟོབས་ལྡན་རྒྱལ་ཁབ་འཛུགས་སྐྲུན་ལ་འདེགས་སྐྱོར་བྱེད་པའི་རྩ་བའི་རྒྱུ་རྐྱེན་གཙོ་བོའི་གྲས་ཤིག་ཀྱང་ཡིན་ནོ། །

孩子们，我们下一辑再见啦

བྱིས་པ་ཚོ། ང་ཚོ་དེབ་ཕྲེང་རྗེས་མར་མཇལ་ཡོང་།